学科解码　大学专业选择指南

总　主　编　丁奎岭
执行总主编　张兆国　吴静怡

机械类专业
第一课

上海交通大学机械与动力工程学院　编著

内容提要

本书为"学科解码·大学专业选择指南"丛书中的一册,旨在面向我国高中学生及其家长介绍机械类专业的基本情况,为高中生未来进一步接受高等教育提供专业选择方面的指导。本书内容包括与时俱进的机械、专业面面观、职业生涯发展三部分,从学科发展历程、现状及未来挑战、专业的特点和组成、人才培养的理念和路径、专业选择以及职业发展、就业前景和继续深造等几方面加以阐述。通过阅读本书,读者可对当今机械类学科与专业的定位、学生专业素质的养成、毕业后实现自身价值的路径等有一定的了解。本书可为高中生寻找自己的兴趣领域、做好未来职业规划提供较全面的信息,也可为机械及相关学科专业本科生及其他希望了解机械学科与专业的读者提供参考。

图书在版编目(CIP)数据

机械类专业第一课/上海交通大学机械与动力工程学院编著. —上海:上海交通大学出版社,2024.5
ISBN 978 - 7 - 313 - 30586 - 2

Ⅰ. ①机…　Ⅱ. ①上…　Ⅲ. ①机械学　Ⅳ. ①TH11

中国国家版本馆 CIP 数据核字(2024)第 075052 号

机械类专业第一课
JIXIE LEI ZHUANYE DI-YI KE

编　　著:上海交通大学机械与动力工程学院
出版发行:上海交通大学出版社　　　　　地　　址:上海市番禺路 951 号
邮政编码:200030　　　　　　　　　　　电　　话:021 - 64071208
印　　制:上海文浩包装科技有限公司　　经　　销:全国新华书店
开　　本:880mm×1230mm　1/32　　　印　　张:3.375
字　　数:66 千字
版　　次:2024 年 5 月第 1 版　　　　　　印　　次:2024 年 5 月第 1 次印刷
书　　号:ISBN 978 - 7 - 313 - 30586 - 2
定　　价:29.00 元

序

党的二十大做出了关于加快建设世界重要人才中心和创新高地的重要战略部署，强调"坚持教育优先发展、科技自立自强、人才引领驱动"，对教育、科技、人才工作一体部署，统筹推进，为大学发挥好基础研究人才培养主力军和重大技术突破的生力军作用提供了根本遵循依据。

高水平研究型大学是国家战略科技力量的重要组成部分，是科技第一生产力、人才第一资源、创新第一动力的重要结合点，在推动科教兴国、人才强国和创新驱动发展战略中发挥着不可替代的作用。上海交通大学作为我国历史最悠久、享誉海内外的高等学府之一，始终坚持为党育人、为国育才责任使命，落实立德树人根本任务，大力营造"学在交大、育人神圣"的浓厚氛围，把育人为本作为战略选择，整合多学科知识体系，优化创新人才培养方案，强化因材施教、分类发展，致力于让每一位学生都能够得到最适合的教育、实现最大程度的增值。

学科专业是高等教育体系的基本构成，是高校人才培养的基础平台，引导青少年尽早了解和接触学科专业，挖掘培养自身兴趣特长，树立崇尚科学的导向，有助于打通从基础教育到高等教育的人才成长路径，全面提高人才培养质量。而在现实中，由于中小学教育教学体系的特点，不少教师和家长对高校的学科专业，特别是对于量大面广、具有跨学科交叉特点的工科往往不够了解。本套丛书由上海交通大学出版社出版，由多位长期工作在高校科研、教学和学生工作一线的优秀教师共同编纂撰写，他们对学科领域及职业发展有着丰富的知识积累和深刻的理解，希望以此搭建起基础教育到专业教育的桥梁，让中学生可以较早了解学科和专业，拓展视野、培养兴趣，为成长为创新人才奠定基础；以黄旭华、范本尧等优秀师长为榜样，立志报国、勇担重担，到祖国最需要的地方建功立业。

"未来属于青年，希望寄予青年。"每一个学科、每一个专业都蕴含着无穷的智慧与力量。希望本丛书的出版，能够为读者提供更加全面深入的学科与专业知识借鉴，帮助青年学子们更好地规划自己的未来，抓住时代变革的机遇，成为眼中有光、胸中有志、心中有爱、腹中有才的卓越人才！

杨振斌

上海交通大学党委书记

2024 年 5 月

前　言

　　机械学科是工程学的一个重要分支，也是制造业的基础。机械工程师的工作内容非常广泛，从设计微型机械设备到大型工业机器人，以及复杂的交通系统，如汽车、飞机和火箭等。从古到今，机械一直在演变和发展，其进步不仅改变了人们的生活方式，也推动了社会进步。

　　机械类专业的核心知识包括材料科学、力学、运动学、机械设计、制造技术和控制工程等。这些知识使得机械工程师能够设计和改进各种机械设备和系统，以满足社会和工业的需求。与此同时，他们还需要通过实验实践和项目设计来提高自己的实践能力。毕业后，机械类专业的学生可以在汽车、航空航天、制造、能源和医疗设备等各种行业就业发展，未来可以成为设计工程师、制造工程师、质量控制工程师、项目经理等。机械工程是一个充满挑战和机遇的领域，对于喜欢解决实际问题、创造新产品和系统的人来说，这是一个非常理想的学科选择。

　　本书凝结了上海交通大学机械工程的深厚学科底蕴和人才培养创新成果。随着机械工程与信息科学、人工智能的日益交叉融合，新工科人才培养模式的不断创新，上海交通大学机械与动力工程学院兼顾科学人才（强调探索、发现能力）与工程人才（强调创造力、组织协调能力）的培养需求，制定了一系列举措，为机械工程创新人才培养提供了良好的平台，有力地促进了学生实践能力的提高和创新意识的培养。在国家一流课程、国家教材建设、国家级教学成果等方面取得了突出成绩。本书以上海交通大学的相关专业为案例，介绍了国内机械类本科专业的培养体系，以期作为高中学子及其家长的指南性科普读物。

本书共包含 3 章。第 1 章由机械从古至今的发展引出我国机械工程教育体系的历史脉络，并介绍具有代表性的应用领域和未来面临的机遇和挑战。第 2 章详细阐述了我国普通高等教育机械类本科专业结构，通过介绍培养体系和知识图谱，带领大家由远而近地全面了解机械类专业的本科教育及特色内涵。第 3 章立足行业就业前景，以翔实的数据、蓬勃的行业生态及生动的成长案例描绘毕业生在"国之重器""时代发展"中的广阔前景。

本书由上海交通大学机械与动力工程学院编写。第 1 章由张丽丽、吴艳琼老师整理编写，第 2 章由蒋丹老师整理编写，第 3 章由徐德辉老师整理编写，全书由学院副院长夏唐斌老师审核，郭为忠、王新昶、何俊、王亚飞、林艳萍、徐凯、陈晓军老师和学院校友办、就业办的老师提供了宝贵资料。感谢林忠钦院士和部分校友在中国青年报组织的特别节目采访中对机械工程专业的发展前景和学习成长的精彩科普和故事分享，使本书的专业介绍更加生动立体、饱满丰富。感谢吴静怡老师对本书进行了细致的审核，并提出了宝贵建议。感谢上海交通大学出版社对图书出版的鼎力支持。

我国机械学科及专业的高等教育发展历程成就辉煌，但囿于资料获取的局限和笔者学识的不足，书中若有缺漏、不当之处，敬请各位读者批评指正。

编著者

2024 年 3 月

目　录

第1章

与时俱进的机械

1.1 机械发展史

机械（machine），源自希腊语 mechine 及拉丁文 mecina，原指"巧妙的设计"。古罗马建筑师马可·维特鲁威在《建筑十书》中描述的"机械就是把木材结合起来的装置，主要对于搬运重物发挥效力"，即为机械最早的定义。随着社会的发展，机械的定义也发生了变化。谈及机械的发展进程，人们习惯使用古代、近代和现代来区分，即主要依靠人力、畜力和自然力来驱动的古代机械，以蒸汽机、纺织机械、农业机械推动工业革命进程的近代机械，以机器人、航空航天机械等实现智能化、高效化和自动化的现代机械。机械的进步不仅改变了人们的生活方式，也推动了社会的进步。本节将带您穿越时空，探索机械的演进历程，了解古代机械、近代机械和现代机械的特点与应用。

1.1.1　古代机械

人类与动物的区别在于能够制造和使用工具。古代人类使用工具经历了 3 个不同的时代：石器时代、铜器时代和铁器时代。

大约 200 万年前，人类学会了制造和使用石器，如石斧、石锤等，这些简单的工具是机械的远祖，对远古社会的发展起着决定性的作用。这一时期在历史上称为"石器时代"，常划分为 3 个阶段：使用打制的粗糙石器的旧石器时代、使用磨制石器的中石器时代、广泛使用磨制石器的新石器时代。

公元前 5000 年左右，人类开始冶炼铜，并用铜制造工具和武器，进入"铜器时代"。铜器与石器相比，具有更好的韧性和强度，且具有良好的可塑性，也更轻便。这一时期，世界上的铜铸造业集中在埃及、西亚、中国和欧洲南部。这些区域成为人类古代文明发展的中心。商代晚期的后母戊鼎是中国青铜器的巅峰之作，是目前已知的最重的青铜器，享有"青铜之王"美誉。四羊方尊是商朝时期青铜器文物，是我国国宝级文物，也是目前出土最大的商朝青铜方尊，被史学界誉为"臻于极致的青铜典范"。

公元前 2500 年，出现了极少量的铁器，其原材料最早来源于陨石。铁器坚硬、韧性高、锋利，胜过石器和铜器。公元前 1400 年左右，人类开始大量生产铁，且铁很快代替了铜。

后母戊鼎

四羊方尊

中国在公元前 6 世纪出现了生铁制品。古代社会以农业生产为主，铁制工具的使用有效提高了社会生产力，如铁犁牛耕将畜力、器械和人力三者结合，改善了人类的耕作模式。

铁犁牛耕

古代中国的机械发明和工艺技术种类多、涉及领域广、水平高，涌现出一批卓越的发明家，机械发明涉及很多领域：农业、纺织、冶铸、兵器、车辆、船舶、天象观测等，在世界上长期居于领先地位。东汉发明家张衡发明了浑天仪，是一种构造复杂、能演示天象的仪器。三国时期的马钧改进了织机，将工效提高了4～5倍，并发明了用于农田灌溉的龙骨水车。北

张衡和浑天仪复原图

宋时期的毕昇发明了活字印刷术，对世界印刷术的发展产生了巨大影响，是中国古代最重要的技术发明之一。明末学者宋应星著有《天工开物》，系统而全面地记载了中国农业、工业和手工业的生产工艺和经验，并描述了金属工艺以及机械的结构、用途和操作方法等，该著作在世界科技史上占有重要地位。

《天工开物》中描述的煅制千钧锚

古代机械的产生主要依靠能工巧匠的直觉、灵感创造以及实践需要，而缺少科学理论的系统指导。近代和现代创造的一些机构和机器（如车床、汽轮机、水轮机等）的雏形，形制简陋，但原理与今天的机械相通。古代机械使用人力、畜力、水力和风力作为动力，没有先进的动力是古代机械发展缓慢的原因之一。

1.1.2 近代机械

从欧洲文艺复兴时期开始，世界上产生了一系列社会变革和科学突破，人类社会逐步迈入工业化时代。工业化通常是指工业在国民经济中的比重不断上升，以至取代农业成为经济主体的过程。工业化进程中，动力机械是近代机械史上两次工业革命的先驱。

第一次工业革命发端于英国，从 18 世纪 60 年代至 19 世纪 20—40 年代，这次革命中，最主要的 3 项变革为动力、机器、工厂，并出现了使用机器进行生产的热潮。瓦特在已有纽可门蒸汽机的基础上，改进、发明了人们熟知的蒸汽机。在瓦特之前，生产主要依靠人力、畜力、水力，蒸汽机为人类提供了空前巨大的动力，极大地提升了社会生产力，使第一次工业革命蓬勃发展。

瓦特和蒸汽机

蒸汽机的出现促进了蒸汽机车和蒸汽轮船的发明，引发了交通运输的变革。史蒂文森设计了他的第一台蒸汽机车，并试运行成功，带领人类交通进入"铁路时代"。

史蒂文森和他的蒸汽机车

与此同时，机器得到普遍使用，新机器的发明也遍布各个方面，涉及交通工具、建筑和矿山机械、热力机械、纺织和缝纫机械、信息机械、农业机械等，并促进了机床和各种压力加工机械的发明。相关发明实例如表1-1所示。机械工程的发展在第一次工业革命的进程中起着主导作用。

表1-1 第一次工业革命期间的机械发明（不包含机床）

类别	时间	国家	发明内容
交通工具	1804	英国	特列维茨克的蒸汽机车
	1807	美国	蒸汽船
	1814	英国	史蒂文森的蒸汽机车
建筑、矿山机械	19 世纪初	英国	蒸汽压路机
	1805	英国	蒸汽起重机

（续表）

类别	时间	国家	发明内容
	1806		辊式破碎机
	1825	英国	盾构机
	1835	美国	蒸汽挖掘机
	19 世纪前期		桥式起重机
	1858	美国	颚式破碎机
热力机械	1816	英国	外燃机
	1834	美国	制冷机
纺织、缝纫机械	1764	英国	珍妮纺纱机
	1769	英国	水力纺纱机
	1785	英国	动力织布机
	1790	英国	缝纫机
	1801	法国	自动编织机
	1830	法国	改进缝纫机
	1846	美国	实用的缝纫机
	1859	美国	脚踏缝纫机
信息机械	1822	英国	机械式计算机
	1839	法国	照相术与照相机
农业机械	1784	英国	谷物脱粒机
	1793	美国	轧棉机
	1833	美国	收割机
	1850	欧美	蒸汽拖拉机
其他	1775	美国	潜水艇
	1783	法国	载人热气球
	1860	美国	蒸汽潜水艇

19 世纪下半叶，世界迎来大变革，电力、钢铁、内燃机、汽车和飞机极大地改变了工业结构，第二次工业革命从 19 世纪 60—70 年代延续至 19 世纪末 20 世纪初。工业进入大规模机械化时代后，蒸汽动力的缺点越来越突出，如不便于小型化、机械传动效率低且距离有限、难以实现流水作业等。发电机和电动机显然是更理想的动力，成为第二次工业革命的突破口。随着电力的广泛应用，世界进入电气时代；随着新型炼钢法的出现，世界进入钢铁时代。

奥托发明了内燃机，引发了交通运输领域新的革命性变革，并推动了石油开采业的发展和石油化学工业的诞生。没有内燃机的发明，就没有后来以汽车和飞机为代表的新的交通运输革命。

内燃机

第二次工业革命中，也涌现了许多机械发明，水轮机、汽轮机、燃气轮机、喷气式发动机等动力机械大为发展（见表

1-2），采矿、冶金、化工、轻工等各工业部门广泛地实现了机械化和电气化。机械工程的发展在第二次工业革命的进程中起着骨干作用。

表1-2　第二次工业革命中动力机械类发明

时间	国家	发明内容	时间	国家	发明内容
1850	美国	反击型水轮机	1893	德国	柴油机
1860	法国	实用的煤气机	1896	美国	冲动式汽轮机
1876	德国	四冲程内燃机	1913	奥地利	轴流螺旋桨式水轮机
1884	英国	多级反动式汽轮机	1930	英国	空气涡轮发动机
1889	美国	冲击式水轮机	1939	瑞士	实用的燃气轮机

第一次工业革命中，发明机器的主要是工匠、机械师，他们依靠的是在实践中积累起来的经验；而在第二次工业革命中，科学家走在了工程师的前面，理论开始发挥指导作用。两次工业革命后，机械工程师的队伍和力量逐步壮大，机构学成为一个独立的学科，且经典力学创立，为机械科学的发展奠定了基础，机械工程学科于19世纪上半叶诞生，到20世纪上半叶基本形成，且机械动力学、机械传动与液压传动、机械设计、机械制造等学科蓬勃发展。

1.1.3　现代机械

第二次世界大战催生了电子计算机、火箭和原子能三大技术，后续的世界大范围和平促进了经济和科技的高速发展，第三次工业革命由此兴起。与前两次以动力为主的工业革命不同，第三次工业革命是以电子计算机技术统领的，以航天技术、生物技术、新材料技术和新能源技术为核心领域的一次信息化革命。

冯·诺依曼领导设计的离散变量自动电子计算机

　　和平的环境中催生了更大的世界市场，激烈的竞争推动着机械产品不断地改进、提高和创新。机械工业和机械科技获得了全面的发展，其规模之大、气势之宏、水平之高，都是前两次工业革命所远远不能比拟的。

　　19 世纪末到 20 世纪中后期，新的物理学革命产生，物理、数学的进展提供了新的理论基础、强大的计算手段，信息论、控制论和系统论诞生，非线性科学诞生且快速发展，以上理论科学的发展为第三次工业革命奠定了科学基础，且科学和技术的结合因此更为紧密。在新革命中，交叉学科越来越多，又高度综合，不同学科间的联系越来越密切，科学成为一个多层次、综合性的统一体，技术则由许多单一技术发展为高科技群。

机械发展趋向全面自动化、网络化、智能化。控制工程理论、计算机技术与机械技术相结合，在机械工程中产生了一个新的学科——机械电子工程，出现了一批机电一体化产品，特别是现代汽车、高速铁路车辆、飞机、航天器、大型发电机组、IC制造装备、机器人、精密数控机床和大型盾构掘进机械等复杂机电系统。它们机械结构复杂、动力学行为复杂，处于机械设计与制造领域的最高端，很多新方法、新技术因这些高端领域的需要而产生，随后才向一般机械制造领域扩散。

新时期的机械设计向机械学理论提出了新的课题，断裂力学、多体力学、数值方法等领域的进步为机械学理论的发展注入了新的活力。包含机构学、机械强度学、机械传动学、摩擦学、机械动力学、机器人学和微机械学的现代机械学理论取得空前的发展。

从古代到现代，机械的演进是一个不断发展的过程。古代机械以简单而巧妙的设计为特点，近代机械以规模和复杂性增加为特征，而现代机械则以智能化、高效化和自动化为标志。机械的进步不仅改变了人们的生活方式，也推动了社会的进步。随着科技的不断进步，我们可以期待未来机械的发展将带来更多的创新和突破，为人类社会的发展做出更大的贡献。

1.2　机械应用领域

机械类专业是一个涵盖面广泛、应用领域众多的专业领域。机械类专业是现代工业的基础，对于国家的经济发展和科技进步，其具有举足轻重的地位。随着科技的飞速发展，机械类专业的重要性愈发凸显，不仅为人类创造了更加便捷、舒适的生活条件，为各行各业提供了强大的技术支持，还为国家的基础设施建设、能源开发、交通运输等领域提供了源源不断的动力，是推动工业发展、科技进步和国家繁荣的重要力量。机械类专业应用领域涵盖面广，本节将重点介绍机械类专业在机器人、智能汽车、医疗健康领域的应用。

机械类专业应用词云图

1.2.1 你了解机器人吗

自 1959 年世界上第一台工业机器人问世以来，机器人的发展取得了巨大成就，在制造业、服务业、医疗保健、国防和太空等各个领域被广泛应用。传统的工业机器人适用于结构化环境和重复作业任务，现代机器人发展则需要增强机器人对环境与任务的适应性、提升智能和自主作业能力、改善人机交互能力、提高安全性能，并且需要突破制约人-机交互、人-机合作、人-机融合发展的瓶颈，解决机器人三维环境感知、规划和导航、类人的灵巧操作、直观的人机交互、行为安全等关键技术，并在智能机械和重大装备中发挥重要作用。

2022 北京冬奥会现场展示中，冰壶六足机器人取得了 6 次击打全面命中的成绩；沈阳东北亚滑雪场，滑雪六足机器人完成了中级雪道的启动、滑行、转弯、制动动作，在雪地平地实现了蹬地前进、转弯、后退等功能测试，入选 2022 年二十大"奋进新时代主题成就展"展品。冰壶六足机器人能针对不同作业任务生成最有效的形态，最大限度发挥性能，设计出最优的行走姿态；滑雪机器人能针对人类滑雪运动各肢体行动需求，实现雪板和雪杖的滑雪最优设计，让机器人能单腿行动、整机控制，实现了对不同坡度、硬度雪地下的滑雪稳定平衡控制。此外，面对日益复杂的巡检应用场景，人们还设计出了以高机动性、高可靠性和高承载性为特点的新型电力巡检六足机器人。

冰壶六足机器人和滑雪六足机器人

电力巡检六足机器人

　　在确保安全的基础上高效发展核电，是当前我国能源建设和核工业发展的一项重要政策。发展核电对保障能源供应与安全，保护环境，实现电力工业结构优化和可持续发展，提升我国综合经济实力、工业技术水平和国际地位，都具有十分重要的意义。同时，核电站的安全直接影响国家能源生产、自然环境以及人民的生命财产安全，有重大的社会影响力，面向核电站应急状态和重大事故救援对救灾机器人的迫切需求，核事故紧急救灾机器人应运而生。机器人除可获取核事故现场图像及监测辐射外，还能处理典型核事故，包括在极端环境中关闭阀门、探测、堵焊等。

核事故救灾中的四足步行作业机器人（左）和六足步行作业机器人（右）

1.2.2 你了解智能汽车吗

随着科技的快速发展，我们的生活变得更加智能和便捷。交通领域也在经历一场巨大的变革，智能网联汽车成为这场变革的引领者。与传统汽车相比，智能网联汽车不仅能够理解我们的需求，还可以感知周围环境，做出智能决策，并且能够与其他车辆和基础设施进行高效通信。

智能网联汽车是一种装备了先进的车载传感器、控制器等设备，同时融合了现代通信与网络技术的汽车。这种汽车不仅能够感知周围复杂的环境，还能根据感知得到的信息做出智能的决策。此外，它可以与其他车辆共同工作，就像是车辆之间在"聊天"，相互协同决策行驶路线，使整个交通系统更有序。智能网联汽车的目标是能够自行完成行驶任务，不需要人为操控。未来的路上，你可能会看到这样的奇妙场景：车子在自己的"指挥"下行驶，我们只需坐在车上，放松身心，享受旅途。这是未来汽车的发展方向，将为我们的出行方式带来前所未有的科技体验，这一功能的实现依托自动驾驶与 V2X 技术。

自动驾驶是一种先进的汽车技术，让汽车能够在行驶过程中不依赖人类直接操作，而是通过感知环境、做出决策、执行操作，实现自主驾驶的能力。这项技术旨在提高出行的安全性、便捷性，并将车辆从传统的人工驾驶模式转变为智能化的自动驾驶状态。自动驾驶系统就像一位聪明的司机，通过复杂而协调的系统来实现车辆的自主行驶，其架构主要由 3 个部分组成：识别周边车辆、障碍物、行人等道路环境的感知系统，就像是自动驾驶汽车的"眼睛"；基于环境信息做出智能决策并规划最佳行驶路径的决策规划系统，就像是自动驾驶汽车的"大脑"；负责将决策和规划的结果转化为具体车辆操作的控制系统，相当于汽车的"手脚"。V2X，即 vehicle-to-everything，是车辆与外部环境之间的交互和通信技术，允许车辆之间进行直接的信息交换，车辆可以实时获取周围车辆的位置、速度等信息，从而实现车辆之间的协同行驶和碰撞避免。例如，当一个车辆检测到可能发生碰撞的情况时，它可以通过车联网技术向周围车辆发送警告信号，提醒其他车辆采取相应措施，避免事故的发生。

智能网联汽车的应用领域之一是实现在露天矿山中矿车的无人驾驶。无人矿车可以结合车辆感知和高精定位，根据矿山的地形和工作需求，自主选择最优路径，自动驾驶往返于采矿区和卸料区。在挖掘作业中，矿车与铲装设备通讯相互协同，可以提高作业效率。另一个应用领域是夜间清扫车。夜间清扫车通常用于城市街道、公园和停车场等地的清洁工作，通过无人驾驶技术和传感器设备的应用，对路面、障碍物和行人等进行实时检测和识别，准确地规划路径和避免碰撞，实现了智能化和自主化清扫作业。

百吨级矿山卡车无人驾驶

夜间清扫车

1.2.3　你了解医疗机械吗

医疗器械是医疗健康领域的重要组成部分，而机械在医疗器械的设计和制造中发挥着关键作用，不仅为医疗器械的设计和制造提供了必要的技术支持，还为医疗健康领域的创新发展提供了重要的推动力。

医疗机器人有广泛的感知系统、智能和模拟装置，是基于机器人硬件设施，将大数据、人工智能等新一代信息技术与医疗诊治手段相结合，实现"感知-决策-行为-反馈"的闭环工作流程，在医疗环境下为人类提供必要服务的系统统称。医疗机器人按照具体用途可分为手术机器人、康复机器人、辅助机器人和服务机器人。其中，手术机器人是医疗机器人范畴中占比最大也是最重要的领域。它可以解释为"内窥镜手术器械控制系统"，相比于传统外科手术，它能够提供高分辨率 3D 立体视觉以及高器械自由度，在病人体内狭小的手术空间里建立

术锐单孔微创手术机器人

超高清视觉探查系统，并拥有定位导航、灵活移动与精准操作的能力，能够拓展至各类外科手术的适应症，提高手术效果，减少术后并发症和恢复时间。手术机器人根据手术类型可以分为腹腔镜手术机器人、骨科机器人、经自然腔道机器人、血管介入机器人、经皮穿刺机器人、神经外科机器人等。

机械技术和设备为医疗服务提供了强大的支持，使得医生能够更加精确、高效地进行诊断和治疗。例如，医学影像技术的进步使医生可以更加清晰地观察到患者体内的情况，从而做出更准确的诊断；康复工程的发展则为残疾人和病人提供了更多样的康复治疗方法，提高了康复效果；3D打印技术的应用可以实现定制化的医疗器械和人体组织模型，为患者提供更加精确和个性化的治疗服务；生物传感器的发展则可以实现实时监测患者的生理参数，为医生提供更加全面和准确的诊断依据。

随着科技的不断发展，机械将为医疗健康领域带来更多的创新和突破，为人类的健康事业做出更大的贡献。

1.3 未来机遇与挑战

1.3.1 科学问题与技术难题

2022年11月，中国机械工程学会发布了2021—2022年"机械工程领域的科学问题和工程技术难题"，共有6个前沿科学问题和12个工程技术难题。其中，科学问题"铝合金超低温变形双增效应的物理机制是什么？""能否实现材料表面原子尺度可控去除?"分别入选 2021 年和 2022 年的"中国科协十个对科学发展具有导向作用的科学问题"。

6 个前沿科学问题包括:

铝合金超低温变形双增效应的物理机制是什么?

如何实现三维微纳结构原子量级增/减材制造?

深海外压容器的失效破坏机制及预防措施是什么?

如何实现高承载低剪切的摩擦界面?

能否实现材料表面原子尺度可控去除?

微量元素对合金性能大幅影响的本质原因是什么?

12 个工程技术难题包括:

如何实现高性能稀土镁合金构件精密成形的工程稳定控制?

如何实现恶劣海况下的深远海高精准作业?

如何制备微纳三维结构的大口径薄膜成像透镜?

如何实现芯片规模化转移与板级集群封装技术?

如何分析金属极薄带轧制中的宏/介/微观尺寸效应,实现更薄更宽轧制?

氧化膜对铝/钢异质材料电阻点焊宏微质量的劣化机制是什么? 如何实现瞬时高性能焊接?

纳微米级水雾与空气如何高效换热提高空压机效率?

如何实现薄壁高筋极端结构高性能成形制造?

如何保障关键机械装备长寿命和高可靠性服役?

如何实现大型重载内齿圈的绿色低碳精密热处理？

如何用高碳钢淬火替代深层渗碳淬火？

如何实现 7 nm 以下芯片制造中纳米精度表面的加工？

以上问题及难题都需要科技工作者以及每一个对机械类专业感兴趣的你去解决攻克。

1.3.2 专业挑战

机械的发展推动了人类社会的进步和发展，是人类文明发展的重要标志。随着人工智能、机器学习等技术的发展，机电一体化成为机械工程的重要发展方向。然而，实现智能化和自动化的高效融合、提高机械系统的智能化和自动化水平以及应对由此带来的技术、安全和隐私问题，是未来机械类专业所面临的挑战之一。同时，环保和可持续发展意识的日益增强也对机械工程师提出了新的要求。他们需要关注如何提高能源利用效率，降低机械系统的能耗和排放，并设计和制造更加环保的机械产品。

人机交互和机器人技术的发展也为机械工程领域带来了重要的挑战。机械工程师需要思考如何实现自然、直观且高效的人机交互，并提高机器人的感知、决策和执行能力。同时，应对由此带来的安全和隐私问题也是不可忽视的重要领域。

第2章

专业面面观

2.1 初识机械类专业

在众多专业排行榜中，从发展前景、薪资水平、就业升学等方面考虑，机械类专业也许进不了 TOP5，但基本不会掉出 TOP20，不论什么年代，也不管经济发展形势如何，机械工程及相近的其他机械类专业始终榜上有名，有时不止一个，有时会令人惊喜地发现名列前茅。究其原因，机械类专业是制造业的重要基石，涉及面非常广泛，上至航空航天，下到巨轮潜艇，乃至我们生活的方方面面，都离不开机械类专业的人才。机械类专业的发展始终与科技进步密切相连，从第一次工业革命的蒸汽机，到电力时代的电动机、计算机网络时代的数控设备，再到现在的智能装备和智能制造，机械类专业在人类文明进步和社会发展中起着举足轻重的作用。

机械类专业种类繁多，但基本的学科理论

基础相差无几，因此核心课程和培养要求都相近。下面以在《普通高等学校本科专业目录（2024年）》机械类专业中排在第一的机械工程专业为例，来认识机械类专业。

2.1.1 机械工程专业培养什么人

机械工程是以自然科学和技术科学为理论基础，结合在生产实践中积累的技术经验，研究和解决在开发设计、制造、安装、运用和修理各种机械中的理论和实际问题的一门应用学科。

那么机械工程专业培养什么样的人呢？

认识上海交通
大学机械与
动力工程学院

以上海交通大学为例，该专业人才培养的目标是培养数理基础扎实、设计/制造/控制等机械工程专业知识宽厚、创新能力强、具有社会责任感和国际视野的创新型人才，能够在机械、动力、车辆、航天航空等领域从事装备与系统设计、智能制造、机电控制和生产管理的工作，成为社会主义事业的建设者和接班人。

以南京航空航天大学为例，其机械工程专业人才培养目标是面向国家建设与科技发展需求，培养德智体美全面发展，具有科学素养、工程素养和人文素养，以及机械工程领域的专业知识，具备国际视野、创新意识、工程实践能力、研究应用能力和组织协调能力，能够在机械工程、航空航天等相关领域从事产品设计、制造和生产管理的高素质工程技术人才。

可以看到，机械类专业人才从事的工作、服务的领域非常宽广。尤其在新的智能时代，机械类专业瞄准世界科技前沿和国家重大战略需求，在机器人与人工智能、智能制造与高端装备、智能网联汽车与无人驾驶等新兴领域，培养了大批卓越机械人才。

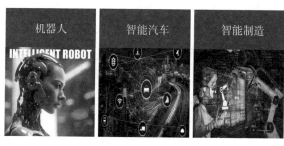

智能时代的机械工程研究领域

机械工程专业培养的毕业生有的从事"硬核"技术的创造性研究，有的在一线进行产品或系统开发，也有的从事制造业的企业管理等工作。大学的专业培养与学生的职业发展、社会的迫切需求和国家的长远战略紧密相连，因此要培养学生毕业后以及在工作的几年内能达到适应社会和工作的能力。在思想道德方面，要求学生具有社会主义核心价值观，具有良好的人文社会科学素养和社会责任感，能够在工作中自觉遵守职业道德规范。在学科基础方面，要求学生具备扎实的数学及自然科学的基础知识及工程应用能力。在专业技术方面，要求学生具备机械工程专业基础与专业知识，以及解决复杂机械工程问题的能力。在综合素质方面，要求学生具有创新意识、国际化视野，以及团队合作和沟通能力，并能通过自主和终身学习构建和完善工作所需的知识体系，拓展自己的能力，适应职业发展。

2.1.2　机械工程专业最适合什么样的人

机械工程专业需要"厚基础"。数学、物理、化学都是这个专业的理论基础，如物理中的力学、电学是经典和现代机械工程专业的必然组成。所以中学时喜欢理科的同学们学起机械工程专业来会更得心应手。

机械工程专业还需要"重实践"。机械工程专业是实践性很强的专业，通过实践，学生们更能将理论知识融会贯通，而且良好的动手实践习惯能促进思维的敏捷活跃。有的同学从小喜欢动手做模型，如车模、航模等，那么在机械工程专业一定能找到自己兴趣的契合点，激发专业的学习热情。

动手实践促进思维敏捷活跃

现代机械工程专业更需要"求创新"。喜欢发明创造、有远大志向去改变世界的学生最适合选择机械专业。如果同学们在中小学时期参加过一些科创活动，改造发明过一些小装置、小玩意儿，那么到大学本科就有机会尝试发明创造一些解决实际工程问题的机电系统。在长远的职业发展中，只要立志于创造出变革性的成果，那么将会在全国乃至全球科技界、产业界留下痕迹。

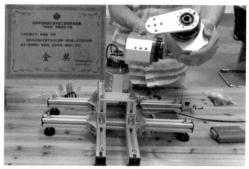

创造性成果

2.1.3　不同角度谈专业

在校本科生谈专业

我从小就喜欢动手，经常思考一些发明创意，并着手制作。选择机械工程专业，可以有机会得到更专业的训练。从学习经历来看，机械工程专业的课程涉及面比较宽，除了数学、物理等基础课程之外，专业基础课程涵盖了机械和信息等多个方面的知识。有一定的学习压力，但是在当前学科交叉的大背景下，这种知识体系为我们未来的发展打下了很好的基础。

课程学习会特别注重解决复杂工程问题能力的培养，如通过团队合作设想并尝试完成一个实际产品的设计制造，这种学习的广度和模式与高中是不同的，会很累，但当设计出的装置成功运行的那一刻就觉得特别开心。这样的学习模式对于转变学习方式、训练工程思维、提升个人能力非常有用。

在校博士生谈专业

我们的专业培养体系很好地契合了企业的需求，如系统思维和实践能力，大部分课程也都有团队合作实践项目，最典型的就是校企联合毕业设计，要解决企业遇到的实际问题。同学们在校企双方导师的指导下开展研究，团队合作，完成从需求分析、概念设计、单一结构设计到系统设计的全部环节，我觉得自己如果以后进入企业工作，再经过更多的实践磨炼，应该可以胜任总工程师的岗位。

机械工程有着庞大的理论基础，从数理基础到专业课程，知识点根本不可能都在课上讲完，在课上从老师那儿得到的最宝贵的是对于这门课程整体知识体系的理解和学习的方法论，如何掌握更多的具体知识点、如何解题、如何实现知识的实际应用，都需要我们课外自行探索，因此学习能力应该在本科较早阶段就已经自然形成了。在本科阶段，我们就有机会接触前沿研究方向，这可以提升我们的创新能力。

业界优秀学长谈专业

我毕业后首先从事的是与火箭制造相关的工艺研发工作，一年半后到工艺技术处工作了6年多，先后担任副处长、处长等职务，然后担任公司副总经理，同时兼任天津新一代重型运载火箭制造基地的常务副总经理，分管公司战略规划、改革发展、人力资源，以及长征 5 号（也就是大家熟悉的胖五）、长征 7 号、长征 8 号等新一代运载火箭的制造技术研发、质量管理等工作。

优秀的毕业生应重点具备以下三方面素质：第一是专业技术能力。这是一个基础，我们认为它是基础理论、学习能力与实践能力的综合。第二是团队协作能力。重点体现在系统思维能力和领导力，核心是能用清晰的管理逻辑让大家少走弯路，用出色的个人魅力激发起团队激情，带领团队取得成功。第三是坚守岗位的韧性与毅力。

院士谈专业

第一，数理基础尤其重要，想要成为机械领域顶尖人才，必须要学好数学与物理，这需要同学们在中学阶段就要好好学习、打好基础。

第二，同学们在日常学习和生活中还要特别注重观察思考，培养自己发现问题、提出问题、动手实践解决问题的能力。这是很多有非凡成就的人的共同特征，在基础教育阶段不能仅仅满足于获得优异的考试成绩。这里有一个钱学森学长的小故事，他在儿童时代折的纸飞机就总能够飞得最远，这是因为他发现纸飞机头太轻会承受不住气流的压力，太重又会向下载。掌握了这个原理后，每次比赛时，钱学森都会在机头放一个铅笔芯，让它能够被气流托着滑翔很远。

此外，科创类竞赛对于未来学习机械工程领域专业知识也是大有裨益的，建议中学生在学有余力的情况下可以多去参加，开拓自己的思维、锻炼自己的创新能力和实践能力。

2.2　了解机械类专业

2.2.1　机械类专业有哪些

"机械"一词由"机"与"械"两个字组成。"机"原指局部的关键机件，"械"在中国古代指某一整体器械或器具，连在一起组成"机械"一词，便构成一般性的机械概念。机械广义上包括机械及其零部件从设计制造、使用维护到报废分解的全过程，狭义上指机器与器械及其零部件。"工程"是科学和数学的某种应用，通过这一应用，使自然界的物质和能源的特性能够通过各种结构、机器、产品、系统和过程，以最短的时间和精而少的人力做出高效、可靠且对人类有用的东西。

1954年，教育部颁布了《高等学校专业目录分类设置（草案）》，该目录规定专业划分、名称及所属门类，是设置和调整专业、实施人才培养、安排招生、授予学位、指导就业，以及进行教育统计和人才需求预测等工作的重要依据。为适应国家经济建设需要，该目录经历了多次大规模的学科目录和专业设置调整。

根据《普通高等学校本科专业设置管理规定》，教育部每年都在《普通高等学校本科专业目录（2012年版）》的基础上增补批准的高校申请增设的专业。最新版本于2024年2月颁布，机械类下设具体专业如表2-1所示。

表 2-1　《普通高等学校本科专业目录（2024 年）》中的机械类专业

专业代码	专业名称	学位授予门类	修业年限	增设年度
080201	机械工程			
080202	机械设计制造及其自动化			
080203	材料成型及控制工程			
080204	机械电子工程			
080205	工业设计			
080206	过程装备与控制工程			
080207	车辆工程			
080208	汽车服务工程			
080209T	机械工艺技术			
080210T	微机电系统工程	工学	四年	
080211T	机电技术教育			
080212T	汽车维修工程教育			
080213T	智能制造工程			2017
080214T	智能车辆工程			2018
080215T	仿生科学与工程			2018
080216T	新能源汽车工程			2018
080217T	增材制造工程			2020
080218T	智能交互设计			2020
080219T	应急装备技术与工程			2020
080220T	农林智能装备工程			2023

注：特设专业是满足经济社会发展特殊需求所设置的专业，在专业代码后加"T"表示。2012 年及以后新增列入目录的专业均列为特设专业。

机械类专业是工科领域的重要分支之一,其学科前景广阔。随着科技的不断发展和工业化进程的加速推进,机械类专业在各个领域都有着广泛的应用和需求,无论是在制造业、能源领域还是其他相关领域,都发挥着举足轻重的作用。随着科技的进步和社会的发展,机械类专业将继续发挥重要作用,并为社会进步和经济发展做出贡献。

想要方便快捷查询本科专业,也可在国务院客户端小程序中搜索"普通高等学校本科专业查询",然后根据需求,按基本专业和特设专业筛选名单。

2.2.2 机械类专业院校排名

为了建设高水平本科教育、全面提高人才培养能力,教育部每5年评选"双一流"建设高校及建设学科,第二轮"双一流建设学科"评选中,机械工程专业入选的高校共12所:清华大学、大连理工大学、哈尔滨工业大学、上海交通大学、上海大学、东南大学、浙江大学、华中科技大学、湖南大学、重庆大学、西安交通大学、西北工业大学(按学校代码排序)。

QS世界大学学科排名(QS World University Rankings,QS rankings)是由夸夸雷利·西蒙兹(Quacquarelli Symonds,QS)发表的年度世界大学排名,首次发布于2004年,是相对较早的全球大学排名。此排名囊括了各个学科领域的世界顶尖大学,涵盖51个学科,旨在帮助同学们了解其所选领域学校的世界排名。2023年QS学科排名中,机械工程专业国内高校排名如表 2-2 所示。

表 2-2　2023 年 QS 世界大学机械工程学科排名前 150 的国内高校

排名	大学	综合得分
17	清华大学	86.9
25	上海交通大学	82.7
34	北京大学	80.4
47	香港科技大学	77.2
49	浙江大学	76.8
52	西安交通大学	76.5
76	哈尔滨工业大学	74.9
80	香港大学	74.5
83	华中科技大学	74.3
91	台湾大学	73.4
96	北京航空航天大学	73
98	北京理工大学	72.9
110	中国科学技术大学	72.2
113	复旦大学	71.7
120	香港理工大学	71.3
123	台北理工大学	71.1
133	台湾清华大学	70.3
144	香港城市大学	69.4

2.3　学好机械类专业

制造业是我国经济健康发展的基石，机械是制造业的基

ᐁ

础，机械类专业的人才培养长期以来都是工科类大学人才培养的重要任务。目前，机械已成为一个跨越机械、电子、计算机、信息、控制、管理和经济等多学科的综合技术应用学科，因此，拓宽专业口径，着力培养宽厚型、复合型、开放型和创新型的人才成为机械类专业人才培养的趋势。

为此，机械类专业的学习内容也在逐渐突破传统专业界限，体现当代科学技术发展中学科交叉的鲜明特点，改革人才培养课程体系。在"新工科"背景下建立的专业培养方案，会实现知识传授、能力培养及素质提升的有效融合，培养学生创新意识、交流能力和团队合作素养，同时通过专业学习，使其成为具有国际视野和国际竞争力的机械工程人才。

2.3.1 机械类专业的培养方案

大学各专业培养方案中的课程体系是依据本专业的毕业要求设置的，以达成专业的培养目标。机械类专业课程总学分一般在170分左右。通常设有通识教育课程、专业教育基础课程、专业教育专业课程、专业实践课程、交叉模块课程和个性化教育课程六大板块。

1. 通识教育课程

通识教育课程由三部分组成，即通识教育必修课程、通识教育选修课程和通识教育实践课程，大约占总学分的20%。通识教育必修课程含思想政治类、英语、体育等，通识教育选

修课程在人文学科、社会科学、自然科学三个模块课程中
选修。

人文与社会科学相关课程对任何专业都很重要，能使学生
具备科学文化素养、社会责任感、良好的心理素质和思想道德
品质。

2. 专业教育基础课程

专业教育基础课程是机械专业的必修课程，占总学分的
15％以上，包括高等数学、大学物理、大学化学、线性代数、
数理方法、概率统计等课程。该部分课程对应机械专业课程设
置中的专业基础课程。

数学与自然科学相关课程培养学生具备扎实的数学和自然
科学知识，是后续专业基础类课程和专业类课程的基础，一般
在前两个学年修完。例如，高等数学是大学课程的通识基础知
识，在第一学年修完。

3. 专业教育专业课程

专业教育专业课程分为必修课和选修课，占总学分的
30％以上。专业教育必修课程包括专业导论、程序设计与实
践、机械制图、理论力学、材料力学、工程热力学、电工与电
子技术、系统模型分析与控制、机械原理、机械设计、工程流
体力学、传热传质学等专业核心课程。该部分课程对应机械专
业课程设置中的专业基础课程。专业教育选修课程分为机械-
基础模块、机械类模块和拓展类模块三类课程。该部分课程对
应机械专业课程设置中的专业选修课程。

工程基础和专业课程培养学生掌握工程知识与基本技能、机械工程专业知识。工程基础类课程中的理论力学、材料力学、基本电路理论、工程热力学、机械制图等课程是后续专业基础类课程和专业类课程的基础，一般均在前两个学年修完。

4. 专业实践课程

专业实践课程由实验课程、各类实习、实践、军事技能训练、专业综合训练组成，占总学分的 20% 以上。该部分课程对应机械专业课程设置中的实验/实践课程类。

工程实践与毕业设计环节培养学生综合运用相关基础知识和专业知识，熟练掌握、使用专业工具，以及分析和解决复杂工程问题的能力。例如，毕业设计（论文）选题一般会结合本专业的工程实际问题，培养学生的工程意识、协作精神以及综合应用所学知识解决实际问题的能力。

5. 交叉模块课程

为顺应当代科学技术发展中学科交叉的趋势，一般在选修课程中增加交叉模块课程。

6. 个性化教育课程

个性化教育课程是学生可任意选修的课程，根据学生自身兴趣和发展规划进行选修。

以上海交通大学的机械工程专业为例，专业必修课程的设置和先行后续关系如机械工程专业课程拓扑图所示。

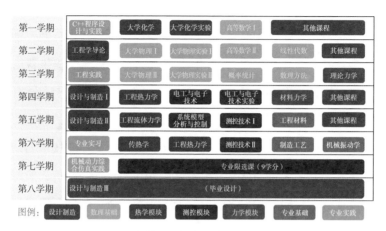

第一学期	C++程序设计与实践	大学化学	大学化学实验	高等数学 I	其他课程		
第二学期	工程学导论	大学物理 I	大学物理实验 I	高等数学 II	线性代数	其他课程	
第三学期	工程实践	大学物理 II	大学物理实验 II	概率统计	数理方法	理论力学	
第四学期	设计与制造 I	工程热力学	电工与电子技术	电工与电子技术实验	材料力学	其他课程	
第五学期	设计与制造 II	工程流体力学	系统模型分析与控制	测控技术 I	工程材料	其他课程	
第六学期	专业实习	传热学	工程热力学	测控技术 II	制造工艺	机械振动学	
第七学期	机械动力综合仿真实践	专业限选课（9学分）					
第八学期	设计与制造 III	（毕业设计）					

图例：设计制造　数理基础　热学模块　测控模块　力学模块　专业基础　专业实践

机械工程专业课程拓扑图

机械类专业学生以学分制培养方案为依据，自主选择课程、上课时间、任课教师，自主安排学习课程。培养方案中设置的必修课程，必须修读取得全部学分；选修课程要修读取得各类别选修课规定的学分数，各类别选修课学分均不能相互抵冲。

学校有一系列保障措施确保每位学生选课符合毕业要求、毕业时学分满足要求。教务处定期进行学生选课情况检查与信息反馈；专业负责人、辅导员和专业教师在每个学期末都会根据毕业要求、教学计划和学生的具体情况，对下学期将开的课程进行学生选课前指导，制订修课计划及检查选课情况，尤其是培养方案中规定的选修课程，以帮助学生顺利毕业。

2.3.2 机械类专业的学习要求

机械类专业要培养具有扎实的专业理论基础的复合型、创新型卓越工程科技人才，为我国产业发展和国际竞争提供智力和人才支撑。因此，对专业的学习既有技术能力的要求，还有非技术能力的要求。

从机械类专业部分内容的知识图谱可以看到专业技术的知识体系包含了大量力学、材料等基础知识，设计、制造、能源等专业知识，同时还包含交流沟通、工程经济、社会环境等诸多方面。

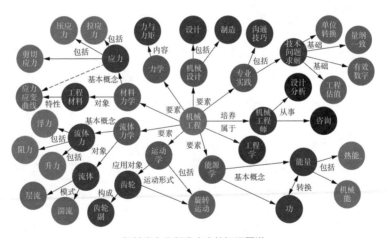

机械类专业部分内容的知识图谱

机械类专业的学生在大学学习阶段需要努力提升以下几方面内容。

（1）专业知识储备：能够将数学、自然科学、工程基础和专业知识用于解决复杂工程问题。

（2）专业能力训练：能够应用数学、自然科学和工程科学的基本原理，识别、表达、分析复杂工程问题。能够针对复杂工程问题开发和设计创新性解决方案，设计满足特定需求的系统、单元（部件）或工艺流程，并从公共健康与安全、全生命周期成本与环保要求等角度考虑方案的可行性。能够基于科学原理并采用科学方法对复杂工程问题进行研究，包括设计实验、分析与解释数据、通过信息综合得到合理有效的结论等。

（3）先进手段运用：能够针对复杂工程问题，开发、选择与使用恰当的技术、资源、现代工程工具和信息技术工具，包括对复杂工程问题的预测与模拟，并能够理解其局限性。

（4）社会责任担当：有工程报国、工程为民的意识，具有人文社会科学素养和社会责任感，能够理解和应用工程伦理，在工程实践中遵守工程职业道德、规范和相关法律，履行责任。在解决复杂工程问题时，能够基于工程相关背景知识，分析和评价工程实践对健康、安全、环境、法律以及经济和社会可持续发展的影响，并理解应承担的责任。

（5）团队协作交流：能够在多样化、多学科背景下的团队中承担个体、团队成员以及负责人的角色。能够就复杂工程问题与业界同行及社会公众进行有效沟通和交流，包括撰写报告和设计文稿、陈述发言、清晰表达或回应指令。具备一定的国际视野，能够在跨文化背景下进行沟通和交流。

工程实践中的团队合作

（6）职业发展蓄能：理解并掌握工程管理原理与经济决策方法，并能在多学科环境中应用。具有自主学习和终身学习的意识和能力，能够理解广泛的技术变革对工程和社会的影响，有不断学习和适应发展的能力。

从以上的几条学习要求可以看出，合格的机械类专业毕业生不仅要达到知识方面的要求，同时在能力、素质等方面同样有合格标准，尤其是非技术方面的要求对未来从事工程技术和管理的专业人才必不可少。因此在专业学习的过程中，将通过课程的选择以及课程的学习来提高自身综合能力和素质，以达到毕业要求，成为机械专业的合格人才。

2.3.3 机械类专业课程如何学习

从机械类专业培养的知识和能力要求出发，专业必修课大致包含设计与制造、控制与建模、力学与分析、热学与流体、集成与运用（综合实践）5条主线。在提升教学质量的不断努力中，课程知识体系与企业的现代机械产品设计开发过程的真实需求逐渐同步，充分体现了知识、能力与素质在课程教学中的有机融合。

以上海交通大学的设计与制造系列课程为例，其秉承产出导向的工程教育理念，重构以产品设计制造过程为主线的知识体系，通过课程项目开发，建立设计与制造的全局观和工程系统性思维，激发创新意识和团队精神。采用课堂教学和项目设计"双轨并进"的模式，重构教学形式，建立多元考核机制，激发高阶性学习的动力，以正确的价值观引导提升学生挑战自我、追求卓越的信心。

针对大学一、二、三、四年级学习任务和学生特点，提出了"工程学导论""设计与制造Ⅰ""设计与制造Ⅱ""设计与制造Ⅲ"4门不断进阶的课程体系，通过学习"设计与制造"系列课程，使学生的工程能力、素质螺旋式上升。

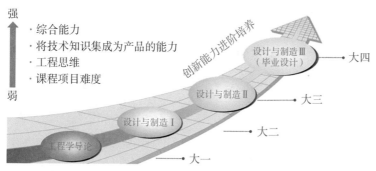

"设计与制造"系列课程的效果

为使学生充分体验设计制造的全过程，学以致用，以做带学，课程项目具有非常重要的意义。围绕"知行合一"，重构课堂教学和项目设计"双轨并进"的项目式教学模式，课堂教学和课程项目互相配合，以共同达成学习目标。

课内：课程的理论知识学习。课外：项目研发中的知识运用

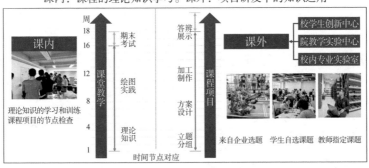

"双轨并进"的教学模式

项目式教学的特点是知识的获取配合项目节点展开，提高了学生学习的自觉性，发现问题、深入探究，加强知识的吸收和应用，养成主动学习、自主学习的习惯。具体操作是在开课初，由3～5名学生组成一个项目团队，结合社会需求选定课程项目，课程项目贯穿整个学期。学生参与了从需求分析、方案产生、结构设计到原型实现的产品研发全过程，在解决复杂工程问题的过程中提升自己的创新能力和综合素质。项目式教学的特点总结如下图所示。

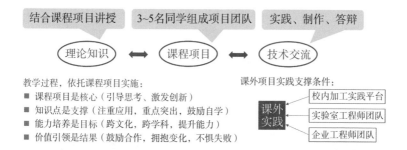

项目式教学的特点

　　具体来讲，某学生项目小组通过对病人、医生的直接访谈，了解到手部失能病人由于医疗资源不足、缺乏手部康复设施，康复训练效果不佳，于是选择了手部恢复性训练手套作为项目课题，学生的社会责任感得以提升。同时在产品研发的过程中，通过整个学期的课程学习，完成方案产生、结构设计和原型实现整个过程。在这一过程中，不断探索、勇于创新的科学精神，细致严谨、精益求精的工匠精神都是高质量完成项目的重要保证。

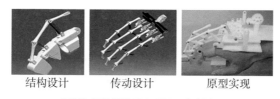

手部恢复性训练手套项目研发全过程

　　学生通过课程学习，选做了与社会需求、工程实际和生活应用相结合的课程项目，在项目的完成中体验产品开发全流程，形成了工程的系统性思维；通过开放性课程项目设计收获了自主探究和创造性工作的能力；通过项目答辩和成果展示体会到团队合作、交流沟通的重要性，获得劳动的成就感，坚定社会责任和专业认同。

课程项目展和学生项目作品

2.4 选对机械类专业

2.4.1 如何选择适合的专业

中国青年报
《向往的专业·院士
对话青年学子》
特别节目

上海交通大学原校长林忠钦院士给同学们在专业选择方面提供了很好的建议：选专业要从自己的兴趣爱好、专业与自身的契合度，以及自己未来的发展规划等多个方面综合考虑，不能人云亦云，以便做出最适合自己发展的选择。具体来讲，当同学们考察一个专业的基本情况的时候，可以从行业发展、职业生涯和学科特点三大方面进行考虑。

1. 行业发展

以机械行业为例，毫无疑问它是社会发展的中流砥柱之一。在我们耳熟能详的大飞机、航空发动机、航空母舰、海洋装备、载人航天等国家重大工程中，占据着至关重要的地位。随着经济社会和科学技术的发展，当前医疗健康、社会治理等领域也都离不开智能化装备。可以说，机械行业有着悠久的历史积淀，已经深入人类社会的方方面面，未来还将发挥更加重要的作用。

2. 职业生涯

每个学科都有着自己的职业生涯发展路径。以机械学科为例，其职业生涯的显著特点就是不断地积累、学习和贡献。在前期主要是工程经验积累，也有机会参与许多对国计民生有重大影响的大事件、大工程。随着经验越来越丰富，个人价值将在这些重大工程中发挥愈加重要的作用，真正实现把个人价值融入社会价值，这是非常有意义的事情。

3. 学科特点

机械学科强调系统思维和全局思维，这是由机械学科的特点所决定的。这也将造就"机械人"视野宏观、思路开阔、齐心协力、团结互助的精神品质，能够创造出革命性的科技成果。

因此，林院士给青年学子的建议是从上面三个方面考察和了解一个学科，然后根据自己的兴趣爱好和未来规划，做出最适合自己的选择。

2.4.2 机械类专业的特点

机械类专业被称为"工科之母"，是全球工业化、信息化及智能化的基础，也是历史最悠久的工程专业之一。该类专业是以数学、物理、力学为基础，研究和解决机械设计、机械制造、机电工程及自动化的各种理论和实际问题的应用专业。目前，机械类专业包含的具体专业有 20 个，在此将选择比较常见的几个专业，来进一步说明各专业特点、主要开设学校，以及对接深造的研究生专业。

1. 机械工程

机械工程是一个宽口径的机械类专业。机械工程专业培养具备机械设计、制造、机电工程及自动化基础知识与应用能力，能在科研院所、企业高新技术公司利用计算机辅助设计、制造及技术分析，从事各种机械、机电产品及系统、设备、装置的研究、设计、制造、编程数控设备的开发、计算机辅助编程，工业机器人及精密机电装置、智能机械、微机械、动力机械等高新技术产品与系统的设计、制造、开发、应用研究，以及从事技术管理的复合型高级工程技术人才。

开设学校：清华大学、上海交通大学、西安交通大学、浙江大学、北京理工大学等。

考研方向：机械工程、机械制造及其自动化、机械电子工程、机械设计与理论等。

2. 机械设计制造及其自动化

机械设计制造及其自动化主要研究各种工业机械装备及机电产品的设计、制造、运行控制、生产的基本知识和技能，以机械设计与制造为基础，融入计算机、自动控制等技术，实现工程机械自动运行等功能。随着电气自动化、计算机技术、信息技术、材料等与机械学科的交叉渗透，机械类专业的学生正在向着复合型人才的方向发展。机械设计制造与自动化专业是全国热门专业之一，任何行业都有机械制造与自动化专业人才的用武之地。

开设学校：华中科技大学、哈尔滨工业大学、大连理工大学、西北工业大学、同济大学等。

考研方向：机械工程、机械制造及其自动化、机械电子工程、机械设计与理论等。

3. 材料成型及控制工程

材料成型及控制工程专业以材料科学及各类热加工工艺的基础理论与技术和有关设备的设计方法为基础，注重各类热加工工艺及设备设计、生产组织管理的基本能力的培养。通过塑性成型及热加工对材料的结构、性能进行改进和重塑，将材料改变形态制成全新的产品。

开设学校：华中科技大学、哈尔滨工业大学、天津大学、西北工业大学、大连理工大学等。

考研方向：材料工程、材料科学与工程、材料加工工程、机械工程等。

4. 机械电子工程

机械电子工程专业以机电系统设计、控制系统设计等基础知识和专业知识为基础，注重坚实的理论基础、创新思维方法和熟练的计算机应用技能的培养。机械电子工程涉及机械、电子、信息、计算机、人工智能等诸多领域，主要研习机械工业自动化、电力电子和计算机应用等技术，包括基础理论知识和机械设计制造方法、计算机软硬件应用能力等，从而进行各类机电产品和系统的设计、制造、试验和开发（如智能机器人的研发）。

开设学校：哈尔滨工业大学、重庆大学、西北工业大学、北京理工大学、上海大学等。

考研方向：机械电子工程、机械制造及其自动化、微纳机电工程和智能装备及机器人。

5. 工业设计

工业设计专业的学生主要学习工业设计的基础理论与知识，具有应用造型设计原理和法则处理各种产品的造型与色彩、形式与外观、结构与功能、结构与材料、外形与工艺、产品与人、产品与环境、产品与市场的关系，并将这些关系统一表现在产品的造型设计的基本能力。

开设学校：上海交通大学、湖南大学、西安交通大学、同济大学、浙江大学等。

考研方向：工业设计、工程设计学、艺术设计、机械工程等。

6. 过程装备与控制工程

过程装备与控制工程专业以化学、物理、化工计算、工程热力学、化工原理、流体力学、粉体力学、工程力学、机械设计及计算机控制技术方面的基本理论和基本知识为基础，注重工程设计、测控技能和工程科学、化工单元设备及成套装备的优化设计、创新改造和新型化工装置技术开发研究基本能力的培养。

开设学校：西安交通大学、浙江大学、大连理工大学、天津大学、华东理工大学等。

考研方向：化工过程机械、动力工程及工程热物理、动力工程、机械工程等。

7. 车辆工程

车辆工程专业培养具备车辆工程基础知识和专业技能，能在企业、高校及科研院所从事车辆设计、制造、实验、检测、管理、科研及教学等工作的车辆工程领域复合型高级工程技术人才。

开设学校：清华大学、西安交通大学、北京理工大学、浙江大学、湖南大学等。

考研方向：车辆工程、机械工程等。

8. 智能制造工程

智能制造工程专业立足"新工科"培养理念，主要研究智能产品设计制造，智能装备故障诊断、维护维修，智能工厂系统运行、管理及系统集成等，培养能够胜任智能制造系统分析、设计、集成、运营的学科知识交叉融合型工程技术人才及复合型、应用型工程技术人才。

开设学校：西安交通大学、哈尔滨工业大学、大连理工大学、北京理工大学、天津大学等。

考研方向：智能装备与机器人、车辆工程、机械工程等。

第3章

职业生涯发展

3.1 铸国家之重器

儿时的你，是否曾经幻想过，有一天能够遨游太空，探索宇宙奥秘；或是翱翔蓝天，体验飞天快乐；抑或是深入海洋，揭秘海底世界？近些年，你是否又听过这些大国重器的故事："天问一号"逐梦而行，"嫦娥五号"奔月取壤，中国"天宫"圆梦太空，长征火箭助力飞天，北斗系统指引方向，"东风快递"使命必达，歼-20鹰击长空，C919翱翔蓝天，国产航母卫我海疆，"奋斗者"号万米探海，"复兴号"高铁驰骋南北……上述的一切，都离不开机械类专业——一个既能满足你儿时的幻想，又能亲手参与大国重器研发的神奇专业。

3.1.1 职业发展领域

相信大家对"辽宁号"航空母舰、"天宫"空间站、"东风快递"、歼-20等国之重器并不

神舟 15 号发射

"天宫"中国空间站

陌生，但是这些大国重器是哪些企业研发制造出来的呢？机械
类专业学子又能够在这些大国重器研发制造中承担什么样的角
色呢？这就不得不提到我们神秘的国防军工行业了。在国际环
境和地缘政治不断变化、中美关系日益紧张的背景下，强大的

国防军工行业是保障国家主权的坚实后盾，是国家繁荣发展的立足之本，是人民安居乐业的基础保障。提及国防军工行业，这里就来了解一下我们国家的 6 类军工行业和 10 家重要的军工集团。军工行业的基本分类主要有核工业、航空工业、航天工业、船舶工业、兵器工业、电子信息 6 个类别；10 家重要的军工集团包括中国核工业集团有限公司、中国航天科技集团有限公司（下文简称航天科技）、中国航天科工集团有限公司（下文简称航天科工）、中国航空工业集团有限公司、中国船舶集团有限公司、中国兵器工业集团有限公司、中国兵器装备集团有限公司、中国电子科技集团有限公司、中国航空发动机集团有限公司、中国电子信息产业集团有限公司。

1. 核工业

核工业是从事核燃料研究、生产和加工，核能开发和利用，核武器研制和生产的工业；是军民结合型工业。其主要产品有核原料、核燃料、核动力装置、核武器（如原子弹、氢弹等）、核电力、应用核技术等。核工业在国防中具有重要的地位和作用，核武器比常规武器有更大的杀伤力和破坏力，能在战争中起到一般武器所不能起到的作用，且核武器会造成放射性污染，对生态环境有长期、严重的后果。所以，核武器已成为某些国家现代军事战略的基础。同时，在国民经济发展中，核工业也具有极为重要的地位和作用。

核能主要分为军用核能和民用核能。在军事上，核能可作为核武器，并用于航空母舰、核潜艇等的动力源；在民用上，主要以核能发电为主，如耳熟能详的"华龙一号""国和一号"等国家名片，此外还能够为医疗等事业提供支持。那么机械专业的学子在核工业领域的大国重器铸造过程中能够做些什么呢？

军用核能可用于原子弹、氢弹等核武器，以及核潜艇、核动力航母等的军用核动力。核武器自身就是一个复杂精密的机械装置，内部有大量的机械装置和电子设备，因此在核武器研制过程中，其机械结构设计、机电控制、超精密加工等工作都离不开机械类专业学子的参与。我国的核武器生产单位中国工程物理研究院每年都会招收大量机械类专业毕业生从事核武器研发生产工作，其下属 12 个研究所中有一个所就叫机械制造工艺研究所。核能在军事上的另一个典型应用是作为核动力航母、核潜艇等军用舰船的动力源。我国著名的核动力专家、第一代核潜艇总师赵仁恺院士本科就毕业于机械系；我国第一代核潜艇首任总设计师、"中国核潜艇之父"彭士禄院士曾在苏联莫斯科化工机械学院学习，并获评"优秀化工机械工程师"称号。不难看出，机械类专业在军用核能应用中的作用举足轻重。

民用核能主要用于以核能发电为代表的核电事业。近些年，"华龙一号"走出国门，"国和一号"振奋人心，高温气冷堆世界瞩目，一张又一张靓丽的核电名片让大家对核电有了更深刻的认识。但是一提到"核"，同学们通常第一反应认为这是核专业专属，其实机械类专业在核电的研发生产过程中的作用也至关重要。核电站的结构示意图显示，核反应堆是核电站的核心设备，机械工程在核反应堆的设计、制造和运行中发挥着重要的作用。在核反应堆的设计过程中，机械工程师需要考虑材料的选择、结构的强度和稳定性，实现冷却系统的设计，关注核反应堆的安全性和可靠性等；在核反应堆的制造过程中，机械工程师需要确保质量控制和工艺参数的精确控制，需要实现先进的加工工艺和制造技术以完成反应堆零部件的制造等；核反应堆的运行过程中，机械工程师需要考虑核反应堆的维护和修复问题，尤其是对于老旧核反应堆的维护和更新，机械工程师的专业知识和技术能力发挥着重要的作用。蒸汽发生器、冷凝器、涡轮机等核电站其他零部件等的设计、制造和维

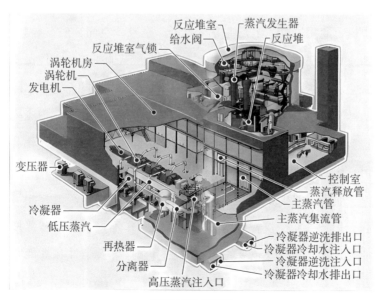

核电站结构示意图

护也离不开机械类专业的知识。目前，机器人技术已经广泛应用于核能领域，如核电站的巡检和维护、核设施的清洁和除污、核废料处理的搬运和封装等，为机械类专业学子在核能领域提供了更多施展才华的机会。

2. 航空工业

航空工业是研制、生产和修理航空器的军民结合型工业，主要包括军用飞机、民用飞机、直升机、无人机、航空发动机及相关产品的研发和生产制造，是我国国防事业的重要基础、民用运输业等的重要保障。航空工业能够为国防安全提供先进航空武器装备，为交通运输提供先进民用航空装备，为先进制造提供高端装备和创新动力。航空武器装备主要包括歼击机、歼击轰炸机、轰炸机、运输机、教练机、侦察机、直升机、强击机、通用飞机、无人机等飞行器，空空、空面、地空导弹，如家喻户晓的歼-20 战斗机、运-20 大型运输机等；先进民用航空装备主要包括 C919 大飞机等民航飞机、AG600 大型水陆两栖飞机、民用直升机、教练机等；高端装备和创新动力主要包括航空发动机、航空工业高科技技术民用化，推进工业化和信息化"两化融合"和智能制造等。

航空工业中，机械工程师的职责涵盖设计、制造、测试和维护各种航空设备和系统。他们的工作不仅仅是机械部件的设计和制造，还需要考虑工程的可靠性、安全性和性能等方面。

航空工业中的研发制造主要分为三个领域：飞机设计与制

造、航空发动机设计与制造、航空器附件设计与制造，机械工程在这三个领域的设计制造中都起着核心作用。以战斗机和航空发动机为例，航空装备都是复杂的系统，由大量的机械装备、控制系统组成。因此，在飞机设计过程中，机械工程师不仅要负责设计和优化飞机的结构，以确保其具有良好的强度和刚度，同时还需要考虑到飞机的重量、燃料效率和空气动力学性能等因素，以确保飞机的飞行性能和安全性。航空领域的发动机是飞机的心脏，机械工程在发动机设计与制造中发挥着重要作用。机械工程师需要设计和优化发动机的结构和工作原理，提高其燃烧效率和动力输出。此外，机械工程师还要考虑发动机的重量、体积和可靠性等因素，确保发动机能够在严苛

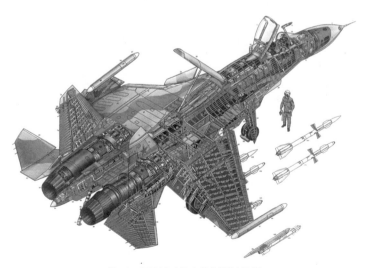

苏-33 舰载战斗机立体剖视结构图

的航空环境下长时间稳定运行。除了飞机和发动机之外，航空领域还有许多附件需要设计和制造，如着陆装置、展弦比可变机翼等。这些附件在飞行过程中起着关键作用，机械工程师需要考虑多种因素，如强度、重量、可靠性和适应性等，以确保附件在各种复杂环境下能够正常工作。简言之，航空工业各个环节、各个产品都离不开机械工程师的参与。

航空发动机结构示意图

3. 航天工业

航天工业是研制与生产外层空间飞行器、空间设备、武器系统以及地面保障设备的工业，是国防科技工业的重要组成部分，也是军民结合型的高技术产业之一，是综合国力的象征。其主要产品包括战略导弹、运载火箭、空间飞行器、推进系统、机载设备和地面各种保障设备等产品。中国航天工业的两大代表集团公司分别是航天科技和航天科工。航天科技主要承担运载火箭、各类卫星、载人飞船、货运飞船、深空探测器、空间站等宇航产品，以及战略、战术导弹武器系统的研究、设计、生产、试验和发射任务。航天科工主要从事空天防御导弹武器系统、飞航导弹武器系统、弹道导弹武器系统的研制生产，致力于满足"陆军、海军、空军、火箭军、战略支援部队"复杂战场环境下的作战需求，为国家航天领域一系列国家重大工程任务的圆满完成提供保障。

航天工业的各个产品和环节之中也随处可见机械工程的应用。以卫星发射所需的卫星和发射火箭为例，一颗典型的卫星主要由机械结构，推进系统，热控系统，电源系统，遥测、跟踪和指令系统，姿轨控系统，载荷系统，天线系统构成。发射火箭主要由推进系统、箭体结构、有效载荷构成，上述一半以上的系统设计制造都离不开机械工程师的参与。

一个航天器的设计、制造、发射、返回的各个环节都离不开机械工程。在航天器的设计与制造过程中，机械工程师需要设计和优化航天器的结构和部件，以确保航天器在空间中运行稳定和安全。此外，机械工程师还需要处理航天器所面临的极端条件，如高温、低温和真空环境等，确保航天器能够在极端环境下正常工作。航天器的发射离不开推进系统，机械工程师在推进系统设计与制造中负责设计和优化火箭发动机和燃料供应系统等。他们需要考虑火箭发动机的推力、燃料效率和可靠性等因素，以确保火箭能够顺利地进入轨道并完成任务。在航天器的入轨和返回过程中，机械工程师同样扮演着关键角色，他们不仅需要设计和制造适用于航天器入轨和返回的附件，如推进器和热保护系统等，还需要进行轨道计算和航天器姿态控制等工作，确保航天器能够准确地进入轨道和安全返回。在我国的"天宫"空间站中，长期驻扎的宇航员经常面临着出舱开展实验的任务，这种情况下，机械工程应用的另一种形式——空间智能机构（空间机器人）便是宇航员们的好帮手。掌握了机械工程的知识，便可以参与航天器的设计、制造、发射、返回的各个环节中，是不是听起来非常有趣呢？

人造卫星结构示意图

4. 船舶工业

船舶工业是为航运业、海洋开发及国防建设提供技术装备的综合性产业，主要承担各种军民用舰船及其他浮动工具的设计、建造、维修和试验及其配套设备生产的任务，在确保国家的国防安全和推动我国交通运输业、海洋开发业等重要国民经济部门的发展方面具有不可替代的巨大作用，主要产品为航空母舰及其舰载机和舰群，各类军、民用水面舰船、水下舰艇等。

船舶制造是一个复杂而庞大的工程，涉及多个领域的知识和技术。机械工程在船舶制造中起着至关重要的作用，涉及船舶的船体、动力系统、操纵系统以及各种辅助设备的设计、制造和安装。

船舶的船体是由钢板和骨架组成的长箱形框架结构，整个船的主体可分为若干板架结构，各个板架结构相互连接、相互支持，使整个主船体构成坚固、空心的水密建筑物，船体的设计离不开机械工程知识的应用。

船舶的动力系统是船舶运行的核心，主要由船舶主机、传动装置、推进器、轴系、发电机组及其他辅助机械设备构成。主机通常由柴油机或蒸汽涡轮机驱动，传动装置负责传递动力、减速、降震等功能，推进器一般以螺旋桨为主，轴系负责把主机的功率传给推进器，发电机组提供电力给船舶的各种设备，辅助机械设备包括压缩机、泵和冷却系统等。机械工程师几乎会参与设计船舶动力系统的所有设备，他们需要考虑船舶的功率需求、燃料效率和环境影响等因素，确保动力系统的可靠性和高效性；需要设计满足船舶尺寸要求、速度要求和水动力学特性的推进器和轴系，以确保船舶具有良好的操纵性和航行性能；还需要选择合适的传动装置，如减速器和轴线，以将主机的动力传递给推进器。

船舶操纵系统是船舶的"大脑"，用于控制船舶的航向、速度和操纵。机械工程师负责设计和制造舵机、操纵杆和相关的传感器、控制器等船舶操纵系统的关键设备。不仅要根据船舶的尺寸、操纵性要求和环境条件设计合适的舵机，以确保船舶具有良好的操纵性和稳定性，还需要选择合适的传感器和控制器，以实现船舶操纵系统的自动化和智能化。

此外，机械工程师还会负责供水、供气、供电、通风等辅助系统设备的设计、制造和安装，以满足船舶的正常运行和船员的舒适度需求。

在驰骋大洋的航空母舰、潜伏深海的核潜艇、超级巨舰055大驱、极地探险的破冰船、远洋运输的大型货轮、海上城市的大型邮轮等各式各样的舰船设计制造中，都离不开机械工程师的身影。值得一提的是，我国首型万吨级驱逐舰——055大驱的总设计师徐青院士本科就毕业于上海交通大学机械工程系，而后一步步成长为船舶设计大师，为我国海军从近海防御向远海防卫的战略转型装备建设做出重大贡献。不知道读到这里，同学们是否想成为一位船舶设计大师，为祖国铸造深海利刃呢？

5. 兵器工业

兵器工业是研究、发展和生产常规兵器的工业，现代常规兵器包括坦克、装甲战斗车辆、枪械、火炮、火箭、战术导弹、弹药、爆破器材和工程器材等。随着时代的发展，兵器工业也逐渐成为一个军民融合的高技术产业行业，一个强大完善的兵器工业体系是国家强大国防实力的重要标志，也是综合国力的体现。在军用方面，兵器工业主要面向陆军、海军、空军、火箭军、战略支援部队以及武警公安提供武器装备和技术保障服务；在民用方面，兵器工业积极推进军工技术民用化、产业化，集中力量打造汽车制造、工程机械设备、铁路产品、石油化工、特种化工、北斗产业、高端装备制造等先进制造业板块。

机械工程作为一门综合性学科，广泛应用于兵器工业的各个领域，包括各型武器、战车装备、高端制造业等。武器系统是现代兵器工业的核心。在武器系统中，机械工程师可以利用自己的专业知识和技术手段，设计和制造各种先进的武器装备，以保证其具有优良的性能和功能。例如，机械工程师可以研发和设计高精度的枪械，以提高射击的准确性；可以设计和制造高速度的导弹系统，以增强打击敌方目标的能力；可以维护和改进武器系统，以保证武器装备的可靠性和有效性。战车装备是现代兵器工业的重要组成部分，机械工程在战车装备的设计和制造中起到了关键作用。在坦克等战车装备中，机械工程师可以运用各种机械原理和设计方法，来保证战车的稳定性、机动性和防护性。例如，机械工程师可以设计和制造新型的底盘结构，以提高战车的横向稳定性；可以设计和制造新型的悬挂系统，以增强战车的通过能力；可以设计和制造新型的装甲材料，以提高战车的防弹能力；可以改进和升级战车装备，以适应不断变化的战场环境。高端制造业也是现代兵器工业的重要组成部分，其中，中国四大汽车集团之一重庆长安汽车股份有限公司就是典型代表，机械工程师可以参与高端制造业中各种各样装备产品的设计制造。

6. 电子信息

电子信息产业主要从事国家重要军、民用大型电子信息系统的工程建设，重大装备、通信与电子设备、软件和关键元器件的研制生产，涉及军队、政府信息化领域、公共安全领域、空中交通领域、卫星应用领域、核心软件产品与服务领域、集成电路核心装备领域、能源电子领域等。主要产品为军用导航、通信、探测、雷达、传感、测绘、仪表、声呐及其他软件服务等。

机械工程在电子信息产业中也有着广泛的应用。从电子元器件的设计、制造到整个电子设备的装配，都离不开机械工程的专业知识和技能。

电子元器件是一种精密的机械系统，其设计和制造需要结合许多领域的知识，如机械力学、材料科学、电子学等。通过对这些知识的研究，机械工程师们设计出各种高效、稳定、可靠的电子元器件。电子设备的装配也是一个复杂的机械工程问题。机械工程师们需要设计、制造出各种高精度的装配设备和工具，以确保电子设备的性能和质量。电子设备的维护和保养也是机械工程的重要应用领域。机械工程师们通过对电子设备的维护和保养，延长了设备的使用寿命，提高了设备的运行效率，保障了人们的生产和生活需求。

7. 职业选择

前文主要介绍了机械类专业在 6 类国防军工行业的应用和作用，那么如何才能加入军工行业，参与大国重器的研发、生产、制造、运维过程呢？我国的国防军工行业的代表性单位有10 家军工集团（见表 3-1）。国家计划单列的副部级国家级研究院、核武器生产单位中国工程物理研究院、科研性质的部队也属于军工行业的代表性单位。以中国工程物理研究院、科研性质部队和 10 家重要的军工集团为代表的国防军工行业是国家安全的支柱，承担各种国防科研生产任务，为国家武装力量提供各种武器装备，为我国屹立在世界强国之林提供坚实保障。除了军用领域，军工行业还会将大量军用技术向民用转化，如 C919 国产大飞机的研制单位中国商用飞机有限责任公司、中国兵器装备下属的重庆长安汽车股份有限公司、中国船舶下属的上海外高桥造船有限公司、中国电子科技集团下属的杭州海康威视数字技术股份有限公司等都是军民融合的代表性企业。此外，军工行业还有大量上下游的配套企业，为机械类专业学子提供了施展才华的广阔舞台。机械类专业毕业生可以在这些单位从事火箭设计、导弹设计、卫星设计、船舶设计、兵器设计、雷达设计等总体设计工作，也可以研究国之重器在研发制造过程中的生产技术、制造工艺、装配技术、实验技术、测控技术、智能制造等技术工艺，还可以从事项目管理、质量控制等管理性质的工作。

表3-1　10家重要的军工集团及其所属军工行业类型

军工行业	军工企业
核工业	中国核工业集团有限公司
航空工业	中国航空工业集团有限公司
	中国航空发动机集团有限公司
航天工业	中国航天科技集团有限公司
	中国航天科工集团有限公司
船舶工业	中国船舶集团有限公司
兵器工业	中国兵器工业集团有限公司
	中国兵器装备集团有限公司
电子信息	中国电子科技集团有限公司
	中国电子信息产业集团有限公司

注：更多企业详情可登录国务院国有资产监督管理委员会网站查看（www. sasac. gov. cn）。

3.1.2　职业能力要求

军工行业的岗位类型一般分为专业管理、市场营销、研发技术、工艺技术、技能操作、支持技术等。机械类专业本科学历及以上的毕业生毕业后主要从事研发技术、工艺技术等相关工作，本科学历以下的毕业生一般从事工艺技术、技能操作等相关工作，也有一部分毕业生根据个人喜好和能力会从事专业管理、市场营销等相关工作。本节主要介绍研发技术、工艺技术相关工作的就业能力要求。从学历上来看，本科生主要从事工艺技术相关工作以及部分研发技术相关工作，研究生主要从事研发技术相关工作，一些要求比较高的单位的研发技术岗位更倾向于招募研究生学历毕业生。

从事研发技术和工艺技术的人员一般统称为研发技术人员，一般需要具备以下几种能力。

（1）扎实的专业知识基础。如力学、材料科学、机械原理、热力学等，这些是机械工程师从事相关技术工作的基础。

（2）丰富的技术经验与能力。掌握机械设计、制造、加工、装配等方面的技术知识，具备计算机辅助设计、制造、仿真等良好的技术技能，积累解决工程问题的实践经验，能够独立完成机械设备的设计、制造和调试等工作。

（3）创新思维和终身学习的能力。研发技术人员需要不断学习和更新自己的知识和技能，跟上行业技术发展的步伐，不断探索新的设计和技术，以满足不断变化的市场和用户需求。

（4）良好的团队合作能力。现代工程问题的解决离不开团队合作，机械工程师、电气工程师、软件工程师等专业人员紧密合作，各司其职，共同完成复杂工程项目，因此良好的团队能力也是一位优秀的机械工程师的必备素质之一。

（5）出色的项目管理能力。现代机械工程师需要具备项目管理能力，包括项目计划、资源调配、质量控制等方面。这些能力可以帮助他们有效地管理项目进度和资源，确保项目的顺利完成。

（6）责任心和安全意识。机械工程师需要对机械设备的安全性能负责，需要具备较强的责任心和安全意识，同时需要遵守相关的法律法规和标准，确保生产的设备符合安全要求。

除上述能力外，在不同军工行业从事不同产品技术研发工作也会有一些特定的要求，如火箭设计师要求设计师必须对火箭结构、工作原理等相关知识非常熟悉，船舶设计师则需要对船舶结构、工作原理等相关知识非常熟悉。这些能力一部分是通过大学的学习来获得，另一部分则是通过工作过程中不断实践而获得。

3.1.3 职业发展路径

承担大国重器研制任务的企业一般是国资委下属的央企，这些企业管理模式完善、职业发展路径明晰、人才培养体系健全，非常有利于年轻人成长成才。以某央企员工职业发展路径为例，不同专业通道都有对应的发展路径，并且员工成长过程中，根据自己的爱好和能力还能够在不同岗位上进行轮岗，多方面锻炼自身能力。如机械类专业本科毕业后可成为设计员，研究生毕业后可成为助理设计师或设计师，之后随着工作能力和工作经验的增长，一步一步成长为设计专家甚至首席设计专家；若具备一定的营销天赋且对营销感兴趣，也可以通过竞聘、轮岗等方式前往营销岗位，最后成为一位营销专家甚至首席营销专家。除了上述的职级发展路径，央企的工程师一般还有另外一条职称发展路径，如研究所工程师发展路径图所示，本科或者研究生毕业后成为一名助理工程师或者工程师，随着工作能力和工程经验的积累，逐步成为高级工程师、研究员，类似于大学的副教授、教授。工程师一般来说会有技术路线和管理路线两个发展路径，在技术方面，可从一个技术型号的设计师一步步成为总设计师，如前文提到的徐青院士就是 055 大驱的总设计师。此外，"辽宁号"航母总师朱英富院士、歼-20 战斗机总师杨伟院士等一众家喻户晓的大国重器的总设计师就是这样一步一步成长起来的。在管理方面，工程师也可以通过自己扎实的技术积累和出色的管理能力，一步一步走向企业的管理岗位，最终成为企业的管理层。

职业发展等级 通道类型		专业管理	市场营销	研发技术	工艺技术	支持技术	技能操作
层/代码	等级						
专家	L1	首席管理专家	首席营销专家	首席设计专家	首席工艺专家	首席技术专家	首席制造专家
	L2	管理专家	营销专家	设计专家	工艺专家	技术专家	制造专家
主任	L3	资深主任管理师	资深主任营销师	资深主任设计师	资深主任工艺师	资深主任技术师	资深主任制造师
	L4	高级主任管理师	高级主任营销师	高级主任设计师	高级主任工艺师	高级主任技术师	高级主任制造师
	L5	主任管理师	主任营销师	主任设计师	主任工艺师	主任技术师	主任制造师
师	L6	高级管理师	高级营销师	高级设计师	高级工艺师	高级技术师	高级制造师
	L7	管理师	营销师	设计师	工艺师	技术师	制造师
	L8	助理管理师	助理营销师	助理设计师	助理工艺师	助理技术师	助理制造师
员	L9	高级管理员	高级营销员	高级设计员	高级工艺员	高级技术员	高级制造员
	L10	管理员	营销员	设计员	工艺员	技术员	制造员

某央企员工职业发展路径

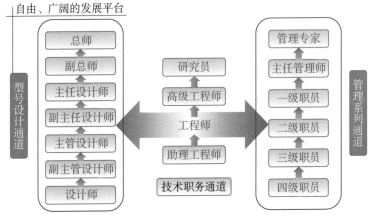

研究所工程师发展路径

3.2 引时代之发展

随着科学技术的发展和社会进步，机械工程技术也在转型升级，具有更加广阔的发展空间，传统机械工程伴随着与前沿科技不断融合，正向着智能化、数字化、网络化、绿色化等方向发展，将进一步推动机械制造业生产效率的提升和制造模式的升级。

3.2.1 职业发展领域

1. 机械工程+互联网

互联网的快速发展正在改造着传统的生产方式，为传统行业开辟了新的发展方向。随着机械工程与互联网等信息技术深度融合，工业互联网、数字孪生等技术使生产流程进一步优化，生产效率和关键工艺数控化率大大提高。但在享受互联网为工业制造带来的发展和便利时，也要关注所产生的网络安全等问题，加强对工业数据的管理和保护。

工业互联网是实现人、机、物全面互联的新型网络基础设施，能够推动形成智能化发展的新业态和应用模式。互联网强调人与人的连接，物联网突出物与物的连接，而工业互联网则是实现人、机、物的全面互联。工业互联网能够帮助人们全面且实时地掌握各种生产制造情况，有效推动生产方式从低效粗放走向高效精益，为数字强国提供关键支撑。我国航天云网、海尔、华为等企业依托自身制造能力和规模优势，已率先推出工业互联网平台服务，并在航空航天、工程机械、钢铁石化等很多领域得到广泛应用。

工业互联网

数字孪生是通过对现实世界的设备进行实时数据采集和分析，在网络世界构建一个与现实世界完全对应的数字模型，通过实测、仿真和分析来感知、诊断、预测物理对象的状态，从而提升物理设备的性能，辅助和优化人类决策。例如，三一重工的印尼工厂采用了数字孪生技术，通过电脑端控制便能掌握全厂 500 多台大型设备的状态和运行情况，进而辅助管理人员进行设备调校和人力调度，大幅提高生产效率。

互联网、云计算等技术一方面提高了传统机械制造的效率，但另一方面也使工业数据面临着数据泄露和网络攻击等安全风险。例如，2021 年 5 月，美国最大的成品油管道运营商遭到网络勒索软件的攻击，不得不关停了美国东部沿海的关键燃油网络。因此，研究机械工程与互联网结合的内容还包括数据安全和网络安全的保障措施，如加密通信、身份验证、漏洞修复等技术，加强对工业数据的管理和保护有助于在安全的范围之下，利用互联网技术提升机械设备的智能化、自动化和远程控制能力。

2. 机械工程+机器人工程

提到机器人，你是不是会首先想到《机器人总动员》中的机器人瓦力、《流浪地球 2》中的机械狗笨笨，或是现实生活中的家庭扫地机器人、商场引导机器人、送餐机器人等呢？机器人的应用为生产和生活提供了便利，而机器人的设计与制造离不开机械类专业的支撑，机械工程与机器人工程的结合是前沿工程技术的重要表现。结合机器人的不同应用场景，将重点介绍工业机器人、空间站机器人、医疗机器人和滑雪机器人。

工业机器人是专门设计用于自动化生产和制造过程的机器设备，它们具有高度的精度、速度和可靠性，能够在重复不断的操作中保持一致的产品质量和生产效率。工业机器人的应用领域广泛，如汽车制造、电子制造、医药制造和仓储物流等。工业机器人的类型包括自动导向搬运车、装配机器人、喷涂机器人、焊接机器人等。工业机器人的应用能使机械制造的生产效率大幅提升，如 30 个优秀的汽车工人完成一台汽车的组装需要 3 小时，而由工业机器人组成的生产线完成车辆组装仅需 51 秒。工业机器人通过预先编制的程序能够准确高效地在多种环境下进行生产加工，能够有效避免人为操作的误差，同时也能够将人类从具有危险性的工作中解放出来，提高生产的质量和安全性。

工业机器人

　　空间站机器人的典型代表便是太空机械臂，2022 年 11 月 17 日，神舟十四号航天员出舱执行任务，与宇航员密切协同

的就是"天和机械臂"和"问天机械臂",天和机械臂共有 7
个关节,使其能够像人的手臂一样转动任意角度完成不同的操
作,其末端可承载的重量达 25 吨。天和机械臂通过在舱表进
行爬行和转移,并利用机械臂上的视觉监视系统实现对空间站
设备全方位无死角的巡检,也能够辅助航天员进行出舱活动,
将宇航员安全平稳地送到指定位置,有效地协助宇航员执行太
空行走任务。同时,天和机械臂还能够精准捕获悬停在附近的
飞行器,简化空间站和飞船的对接流程。相比天和机械臂,问
天机械臂的体积和载重较小,但更加灵活,能够独立完成更多
精细的空间任务。两个机械臂各有分工,大大提高了宇航员空
间工作的效率和质量。

　　手术机器人和康复机器人是医疗机器人的典型应用。手术
机器人是辅助医生进行手术的机器设备,不同于传统的手术方
式,医生仅需要操纵机器便能够完成一场精准高效的手术,机
器人的具体类型包括腔镜手术机器人、骨科手术机器人、神经
外科手术机器人、血管介入手术机器人等。手术机器人灵活的
操作臂能够消除医生的手部颤抖,提高手术安全性;三维立体
成像系统能够有效地扩大手术视野,提高手术精准度。同时,
手术机器人还能够进行小切口的微创手术,减少患者的痛苦,
缩短患者的恢复时间,提高人们的生活质量。康复机器人是利
用传感、控制、融合和移动等技术帮助患者进行康复的机器
人。当前康复机器人涵盖了多种康复功能,如手功能康复机器
人、腕关节康复机器人、上下肢康复机器人、辅助行走机器人

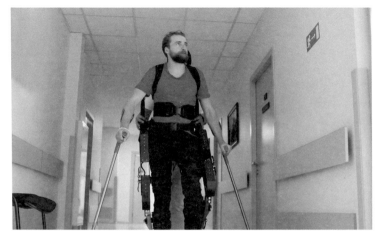

康复机器人

等，帮助患者重新掌握机体机能，提高康复效率。

模仿人类的复杂行为是机器人研究的前沿领域。在北京冬奥会前夕，在"科技冬奥"重点专项的支持下，上海交通大学高峰教授领衔团队研发了六足滑雪机器人，运用智能感知、制动控制等技术完成了滑雪机器人竞速、转弯、规划路线、规避障碍以及人机交互等试验项目，未来也将充分发挥技术优势，在冰雪环境中展开巡逻、实施救援，帮助人们规避风险，创造安全舒适的冰雪体验环境。

3. 机械工程+人工智能

在传统工业制造中，人力生产占据相当大的比例，手工制造具有生产效率低下、人工成本较高、产品质量参差不齐等问题，但目前随着人工智能的快速发展，智能化、自动化的生产方式正在工业制造领域逐渐普及和推广,大大提高了产品效率和质量。智能制造与自动化、智能工厂、人工智能与自动驾驶便是人工智能与机械工程融合发展的重要表现。

智能制造与自动化通过将机械与人工智能相结合,提高了生产效率和质量。它涉及开发智能化的生产设备和系统,包括自动化控制、智能传感器和自适应控制等技术,以实现生产流程的自动化和优化。以中信戴卡股份有限公司(以下简称中信戴卡)的铝车轮六号工厂为例,70%以上的智能设备由中信戴卡自主研发制造,整体制造水平领先行业 5~10 年,中信戴卡提出的"X 光无损探伤人工智能识别技术"是行业首创的利用人工智能技术进行轮毂的无损探伤,检测效率相较于传统模式提高了 40%,同时降低了 80%的人工干预程度,大幅提升了产品质量的稳定性和生产效率。

人工智能是工业 4.0 时代智能工厂的核心。智能工厂是集智能手段和智能系统等新兴技术于一体,提高生产过程可控性,实现车间的精准、柔性、高效、节能的生产模式。智能工厂已在钢铁、机械装备制造、汽车制造、航空航天、飞机制造等多个行业中得以应用和发展。以上汽大众的智能工厂为例,车间生产线共包含 1400 余台机器人,实现高速激光焊接、全自动喷涂、电池自主装配、全自动电池涂胶、全自动下线测试、全自动仪表板安装、全自动底盘合装、密封条自动安装等多流程自动化生产,已将误差控制在极小范围之内,避免了人为缺陷,提高了生产精度和产品质量。

在汽车制造领域，人工智能不仅会对汽车生产的过程和效率产生影响，也对汽车驾驶发挥了重要作用。随着人工智能的发展应用，自动驾驶技术方兴未艾。自动驾驶是指车辆在无需驾驶员操作的情况下，通过自身的感知、决策和控制系统，实现自主、安全驾驶。自动驾驶可以分为感知层、决策层和执行层。感知层通过摄像头、雷达等传感器收集道路状况、交通信号等道路信息，并进行图像识别和目标检测等算法处理；决策层通过感知层提供的信息规划出最优的行车路线，并对行驶中的突发情况进行合理应对；执行层则主要根据决策层提供的指令来控制汽车的各个部件，实现汽车的运动控制。目前，我国的自动驾驶正蓬勃发展，但仍有许多挑战和障碍需要克服，如传感器的精度和稳定性、人工智能模型的准确性和可靠性等。

4. 机械工程+微电子

机械工程与微电子技术的融合发展是工业制造的另一发展方向，机械-微电子技术是机械、电子、信息科学三者有机结合的复合技术，在工业产品设计与制造中发挥着重要作用，其技术应用包括微机电系统、微纳制造技术、智能传感器等。

微机电系统是指尺寸为几毫米乃至更小单位的高科技装置，其内部结构一般在微米甚至纳米量级，是将传感器、处理器、电子器件与微观结构集成在一起的微型化智能系统，属于超精密机械加工。微机电系统的研究包含微观技术加工、传感器技术、器件制造技术、封装和集成技术、智能控制和应用开发等方面，涉及电子技术、机械技术、材料科学、能源科学等

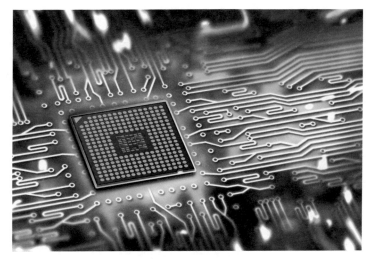

微机电系统

多学科知识。微机电系统的应用场景十分广阔，既包括航空航天系统等国防军事系统，也包括医疗、工业、汽车等民用领域，还包括可穿戴设备、智能家居等生活场景。此外，随着纳米技术的不断发展和应用，微机电系统也将更多地应用于新能源、智能制造、机器人等新型领域。

微纳制造技术是将微米和纳米尺度的制造技术与机械工程相结合的领域，是目前全球先进制造的热点之一。光学、医疗、电子等领域器件的微型化、功能化和集成化都依赖于 3D 复杂微纳结构，而微纳 3D 打印技术在复杂微纳结构制造方面，具有设备简单、效率高、用材广泛、直接成型等优点，可广泛应用于微纳机电系统、微纳光学器件、微纳生物医疗器械、生物芯片等多个领域。微纳 3D 打印的精细程度极高，用肉眼难以直接观测，通过微纳 3D 打印出的陶瓷制品，其内部的微小流道的粗细甚至不到头发丝的十分之一。上海交通大学王晓林团队利用微纳 3D 打印技术构建了层级血管化器官芯片模型，并在此基础上开展研究，为体内靶向药物的精准高效递送提供了新的方案。

智能传感器是将微电子技术应用于传感器设计领域的体现，它是具有信息处理功能的传感器。智能传感器带有微处理机，具有采集、处理和交换信息的功能，与一般传感器相比，智能传感器的优点是通过软件技术可实现高精度的信息采集，成本较低，具有一定的编程自动化能力以及多样化的功能。智能传感器能将检测到的各种物理信息储存起来，并按照指令进行处理从而创造出新的数据。智能传感器已广泛应用于航天、航空、国防、科技和工农业生产等多个领域。例如，在工业生产中，传统的传感器无法对某些产品质量指标（如黏度、硬度、表面光洁度）进行快速直接测量，而利用智能传感器能够直接测量与产品质量有函数关系的生产过程数据，在加工计算的基础上，便可推断出产品的质量。同时，工业互联网的发展也为智能传感器带来了广阔的发展前景，二者共同促进我国工业自动化、智能化发展。

从行业来看，机械类专业毕业生的就业选择还包括先进制造、汽车、医疗器械、机器人等，典型企业包括华为、比亚迪、宁德时代、联影医疗等重要民营企业和特斯拉、发那科等知名外企。

3.2.2 职业能力要求

机械类专业的学生在专业学习之后会获得专业知识理解力、实践操作能力、分析问题和解决问题的能力、组织规划能力、项目管理能力、人际沟通能力以及自我效能感。

首先，通过对机械工程的发展、理论和应用的全面学习，学生能够对机械学科拥有宏观概念，掌握学科的专业知识，提升专业素养以及具有对机械知识应用和迁移的能力。机械学科作为典型的工科学科，需要学生掌握实际的操作技能，包括机械制造、机器设计、零部件装配等，学生只有在动手实践的过程中才能够真正将理论知识内化为自身的理解，因此机械学科注重对学生动手实践能力的培养，有助于学生更快地适应未来的工作和科研岗位。其次，机械学科的学生在学习过程会接触或参与具体的工程实践项目，围绕项目面临的现实问题开展研究，识别问题的本质、分析因果关系、制定解决问题的方法策略、评估可能产生的结果，这一过程会锻炼学生分析问题和解决问题的能力。再次，由于工程项目的体量较大，学生通常以团队成员的身份参与其中，在团队集体攻关解决项目问题的过程中能够锻炼学生的团队合作能力、人际沟通能力；并且，项目推进中会涉及大量的人力、财力和物力，如何在规定的时间内利用有限的资源实现更高的目标，是对学生组织规划和项目管理能力的挑战，通过课程实践和项目锻炼，学生能够较好地掌握各项能力。最后，学习、科研和实践的过程不是一帆风顺的，学生通过自己的努力以及老师同学的帮助战胜困难，能够使学生积累信心，增强对自己胜任能力的感知，更有信心去面对实际工作中的各种挑战。

例如，华为在校招简章中指出毕业生应具备扎实硬件基础知识，精通模拟/数字电路分析及设计，具有数字/模拟传感器检测和模拟小信号处理分析能力等成功实践经验；具备团队协作精神，敢于承担责任，敢于挑战困难，能承受压力；具备较强的动手实践能力，能够快速把想法用算法程序实现；具备挑战不可能的精神和创新意识，主动担责，攻坚破难；具备良好的团队合作精神，善于沟通。

3.2.3　职业发展路径

下面将以华为、比亚迪等知名民营企业职业发展路径为代表进行解读。

华为设有普通员工、中层管理岗、副总裁、高级别领导等岗位，每个岗位下有不同级别，新入职的应届毕业生根据不同学历定为不同级别，一般每年升一小级，但如果有特殊或重大的贡献，可能在短时间内升几级，晋升与能力挂钩。

比亚迪的职级设置相对扁平，目的在于减少管理层级，提高决策和工作效率。同时，比亚迪的职级设置体现了公司对技术人才的重视，工程师和技术人才占据大多数的工作岗位，也为比亚迪的技术创新提供更多的人才储备和智力支持。在员工晋升方面，比亚迪会全面评估员工的工作表现、能力水平等多种因素。晋升路径包括技术路径和管理路径。在技术路径中，技术专家是技术领域的高级人才，其成长路线为初级工程师、中级工程师、高级工程师、总工等；在管理路径中，管理专家是岗位管理的高级领导，其成长路径为科员、科长、经理、总监等。在比亚迪，上升发展的路径宽广，毕业生进入工作岗位后可以结合自身的兴趣和能力，选择适合自己的发展方向。

3.3 就业发展之路

3.3.1 专业就业概况

制造业是我国经济健康发展的基石，机械工业是制造业的基础，机械类专业培养的人才可以在多个行业和领域获得就业发展的机会，找到适合自己的工作岗位。例如，在机械/设备/重工领域从事机械设备的设计、制造、维护和管理工作；在仪器仪表/工业自动化领域从事自动化设备和系统的研发、生产和应用；在新能源领域参与新能源技术的研发和应用，如风能、太阳能设备的设计与制造等；在电子制造和半导体行业中担任技术或研发岗位；在汽车及零配件行业中从事汽车制造、设计、维修和销售等工作。长期来看，机械类专业毕业生仍会有较大需求，特别是具有研发能力的智能装备和数控人才，他们将成为各企业争夺的目标。机械设计制造专业人才供需比也很高，显示出该领域的就业市场活跃。

总之，机械类专业的就业前景相对乐观。随着我国制造业的转型升级和工业的高质量发展，对于精通现代机械设计与管理的人才需求正在逐渐增大。某些第三方平台数据给出了相应的细节。例如，来自猎聘大数据研究院的 2024 年春的数据显示，机械及设备方面的行业需求和年薪平均水平仅次于互联网和电子半导体集成电路，均位居第三。

以研究型大学上海交通大学为例，近几年的学生就业率均在 99％以上。机械类专业培养的人才在汽车、船舶、电站装备、航空航天等制造领域，以及计算机、机器人、微型制造等领域有巨大需求。机械类专业毕业生具有基础厚、科研实、素养高、国际化等特色，深受用人单位的欢迎。为帮助学生就业，学院加强本科生生涯规划和就业引导工作。学院会定期邀请国家重点行业用人单位总经理、总工程师、专业技术人员与同学分享自己的生涯发展经历，激励同学们树立高远志向，投身国家重点行业；职业发展中心会定期举办各类职业规划讲座，举办生涯规划大赛，邀请用人单位嘉宾到场点评指导，增强了同学们的生涯规划能力和求职面试技巧。相关用人单位对机械类专业的毕业生需求量特别大，其就业前景广，薪酬水平位于各类专业的前列。

3.3.2 毕业生成长案例

案例一

王贺，中国航天科技集团一院首都航天机械公司副总经理。本硕博均就读于上海交通大学机械工程专业。毕业时首先从事火箭制造相

学长说

关的工艺研发工作，一年半后到工艺技术处工作了六年多，先后担任副处长、处长等职务，工艺技术处是公司最核心的部门之一，要带领全公司 500 余名技术人员，开展工厂规划与设计、型号工艺管理、先进制造技术研发等工作。2019 年起担任公司副总经理，同时兼任天津新一代重型运载火箭制造基地的常务副总经理，分管公司战略规划、改革发展、人力资源和长征 5 号（也就是大家熟悉的胖五）、长征 7 号、长征 8 号等新一代运载火箭的制造技术研发、质量管理等工作。

【职业发展感悟】

总结下来，通常大学生到我们的企业，都是从基层技术研发起步，积累一定经验后，视个人兴趣、特长等，既可以在个人技术领域继续深挖，做专业领域技术大牛；也可以走型号研发序列，成为工艺总体专家；还可以转型从事质量管理、经营管理等综合性管理工作。

国家之所以如此重视制造，是因为它是各个产品领域发展的重要基础。以航天运载火箭产品领域为例，从发射次数维度来讲，第一个 100 次发射用了 37 年，第二个 100 次发射用了 7 年半，第三个 100 次发射用了 4 年 3 个月，第四个 100 次发射用了 2 年 9 个月。而今年，长征系列火箭预计超过 60 次发射，有望在四季度，也就是用不到两年的时间，完成第 500 次发射，这背后都是以强大的运载火箭制造能力为基础的。

从火箭运载能力维度来讲，行业内有句话，运载火箭的能力有多大，太空探索的舞台就有多大，而跨越式提升火箭运载能力，就必须跨越式提高火箭直径。我们正在进行新一代载人登月火箭和重型运载火箭的研发论证工作，未来重型运载火箭直径将达到 10 米级。如何制造出来，直接挑战了我国制造能力的极限。

上面主要是对行业发展的认识，这里顺便对年轻人的个人发展提个建议：平台非常重要，比起始的薪酬多少要重要得多。以我们企业为例，因为航天平台够好，在各个领域都可以做到极致：做工人，我们有高风林大师，大国工匠，全国总工会副主席，工人里的极致；做技术，我们有王国庆院士，30多岁担任厂总工程师，把学术做到了顶流；做企业家，我们有贺东风厂长，从基层工艺员做到公司总经理，现任中国商用飞机有限责任公司（简称中国商飞）董事长，中国商飞大家应该很熟悉，自主研制生产了我国首款大飞机 C919；从政，我们有许达哲老厂长，前任湖南省委书记，现任全国人大常委会委员，副国级。

不要小看机械行业，一个工厂能出这么多人才，个人认为，主要是把个人的发展与国家的需求紧密绑在了一起，你的每一分努力，都在为国家的航天强国、制造强国、军事强国发展贡献着力量。

【对学弟学妹的寄语】

企业招聘会重点关注以下三方面素质：

第一是专业技术能力。这是一个基础，我们认为它是基础理论、学习能力与实践能力的综合。首先，本专业的基础知识和理论可以看成是学生的本职工作，你的专业成绩说明了你的逻辑思维、记忆力、吃苦耐劳品质等，一屋不扫，很难扫得了天下。再者是快速学习的能力，在企业里你会发现，有太多所需要的专业知识是学校里你没有掌握的，因此需要持续学习、持续更新，这时学习能力就显得非常重要。此外，实践能力也非常重要，机械行业更是一个非常注重实践的行业，理论不能脱离实际，能够动手将想法和理论实现，形成实际的产品才是企业的终极目的。

第二是团队协作能力。这是我们企业非常看重的能力，钱学森前辈曾指出，航天工程具有巨复杂系统工程特点，任何航天型号产品的研制都是多单位、多部门、多团队协作的成果。团队协作能力的一个重要体现是系统思维能力和领导力，核心是能用清晰的管理逻辑让大家少走弯路，用出色的个人魅力激发起团队激情，带领团队取得成功，这也是组织选择中、高层领导者的重要标准。

第三是坚守岗位的韧性与毅力。我们很多上海交大的同学在学习生涯中都是一帆风顺的，受表扬多，挨批评少。但在工作岗位上，遇到的挫折、困难和挑战会是你难以想象的。我们航天一院某海基型号产品的研制过程中连续历经了三次失败，看完那个纪录片，我们很多人都哭了，为的是型号队伍百折不挠的坚持与奋斗。跑得快不一定跑得远，一个人和一个组织能跑多远，韧性和毅力是关键。

近年来，型号发射任务快速增长，技术难度也不断提高，需要大量高层次人才，人才招聘数量持续扩大。我们在大力提高员工的薪酬和福利待遇，创造更多的发展通道。欢迎各位同学们选择机械类专业，未来加入我们航天制造的团队。

案例二

崔运凯，2013 年本科毕业于机械与动力工程学院试点班机械工程及自动化专业，在本科期间参加学院与美国宾夕法尼亚大学 3＋1＋1 联合培养项目，获得上海交通大学学士学位及宾夕法尼亚大学硕士学位，并在宾夕法尼亚大学 GRASP Lab 担任助理研究员。2015 年，他作为早期员工加入 Uber 自动驾驶部门，在 2019 年创办了格物钛（上海）智能科技有限公司。2020 年 11 月，入选 2020 胡润 Under30s 创业领袖；2020 年 11 月，荣登"2020 福布斯中国 30 岁以下精英榜"；2022 年入选《科创板日报》联合上海科学技术情报研究所"2022 先锋科创家系列"榜单的"科创精英榜"；2022 年获评 36 氪「X·36Under36」S 级创业者。

【对学弟学妹的寄语】

在大家大学生活开始之际，作为上海交大人和机动人，回首毕业十年的旅程，我总结了 16 个字，希望可以和大家共勉：勇敢创新，勇于试错，独立思考，持续成长。

勇敢创新：挑战未知，尝试新事物，发挥你的想象力和创造力。

勇于试错：接受失败，从中学习，不断完善自己。

独立思考：形成自己的观点，有自己的判断，勇敢作决策。

持续成长：积极参加活动，结识朋友，丰富人生经历。

上海交通大学机械与动力工程学院师资人才及获奖情况

上海交通大学机械与动力工程学院一直将科技创新、学术研究与人才培养视为学院发展的核心动力。学院拥有雄厚的师资力量，相关师资共涉及 28 项不同级别和领域的人才计划，累计入选人次高达 155 人。这些教师不仅在各自的学科领域内有着深厚的造诣，更在教育教学、科研创新等方面取得了显著成就，为学院的发展注入了强大的动力。近五年，学院在科研领域共荣获国家级和省部级科研类奖项 30 余项，其中国家级科研类奖项有 18 项；通过不断探索和创新教学模式，学院共获得国家级和省部级教学类奖项 20 余项。近五年部分获奖情况如附表 1 和附表 2 所示。

附表 1　科研类奖项

奖项名称	项目名称	获奖年份
机械工业科学技术奖技术发明奖一等奖	运载车体复杂薄壁结构高强韧智能电阻点焊工艺及装备系统	2023
机械工业科学技术奖科技进步奖一等奖	低温余热高效利用的吸收式热泵技术与应用	2023
中国核能行业协会科技进步奖一等奖	先进反应堆核级泵关键技术及工程应用	2023
中国专利奖金奖	空间动量轮轴承摩擦力矩试验机及其试验方法	2023
上海市科学技术奖技术发明奖特等奖	航空航天大型曲面蒙皮/箱底双五轴镜像铣削技术与装备	2022
教育部科技进步奖一等奖	舰船设备水下爆炸冲击环境模拟试验系统研制及应用	2022
上海市科学技术奖自然科学奖一等奖	介电作动软体机器人的设计理论与控制方法	2022
上海市科学技术奖自然科学奖一等奖	高密度热储能及热调控原理与方法	2022
上海市科学技术奖技术发明奖一等奖	多车型柔性可重构汽车焊装生产线研制与应用	2022
上海市科学技术奖科技进步奖一等奖	设施蔬菜优质高产高效智能化生产关键技术及成套装备	2022
机械工业科学技术奖技术发明奖一等奖	可变构型涡轮增压系统及其控制技术	2022

（续表）

奖项名称	项目名称	获奖年份
中国核能行业协会科学技术奖科技进步奖一等奖	蒸汽发生器热工水力多尺度设计分析技术、试验验证及工程应用	2022
机械工业科学技术奖科技进步奖一等奖	车用高功率氢燃料电池电堆精准设计制造及产业化	2021
神农中华农业科技进步奖一等奖	智能农机装备电液传动与控制系统关键技术及产业化	2021
中国核能行业协会科学技术奖技术发明奖一等奖	低中放固体废物 γ 扫描测量技术研发及应用	2021
中国核能行业协会科学技术奖科技进步奖一等奖	核电厂严重事故复杂环境下氢气风险研究及应用	2021
机械工业科学技术奖科技进步奖特等奖	大型工程机械装备智能化终端与运维平台关键技术及产业化应用	2020
高等学校科学研究优秀成果奖（科学技术）自然科学奖一等奖	无创神经接口设计理论与方法	2020
高等学校科学研究优秀成果奖（科学技术）自然科学奖一等奖	介微观系统多相/多组分流动及传热传质机理研究	2020
上海市科学技术奖自然科学奖一等奖	复杂多孔介质热质输运及热辐射传递机理	2020
上海市科学技术奖技术发明奖一等奖	高功率密度长寿命燃料电池低铂膜电极研发及应用	2020

奖项名称	项目名称	获奖年份
上海市科学技术奖技术发明奖一等奖	机电产品的非平稳噪声快速计算、精准测量及其降噪技术	2020
上海市科学技术奖科技进步奖一等奖	大型电动振动台试验系统关键技术及装备	2020
高等学校科学研究优秀成果奖（科学技术）科学技术进步奖一等奖	数控机床误差测量与实时智能补偿关键技术及应用	2020
中国核能行业协会科学技术奖技术发明奖一等奖	三代核主泵屏蔽电机浸液转子系统力热安全设计的关键技术创新	2020
上海市科学技术奖技术发明奖特等奖	高功率密度燃料电池薄型金属双极板及批量化精密制造技术	2019
上海市科学技术奖技术发明奖一等奖	风力机流动控制与性能提高的关键技术及应用	2019
上海市科学技术奖科技进步奖一等奖	协作型工业机器人与柔性工件精准作业技术	2019
上海市科学技术奖科技进步奖一等奖	新一代环保空调器的高效设计与精密制造	2019
高等学校科学研究优秀成果奖（科学技术）自然科学奖一等奖	复合材料结构振动噪声耦合机理与控制	2019
高等学校科学研究优秀成果奖（科学技术）科学技术进步奖一等奖	空气源热泵高效供热系统与应用	2019

附表 2　教学类奖项

奖项名称	项目名称/获奖教师	获奖年份
国家级教学成果奖二等奖	新时代机械大类工程科学人才"三通三融"培养改革与实践	2022
国家级教学成果奖二等奖	对接国家制造业需求，创新"三深三实"产教融合模式，培养卓越工程专业人才	2022
第五届全国高校青年教师教学竞赛一等奖	刘晓晶	2020
首届全国高校教师教学创新大赛二等奖	蒋丹	2021
第四届全国高校混合式教学设计创新大赛三等奖	闫晓晖	2022
2022 年教育部-华为"智能基座"产教融合协同育人基地优秀教师奖教金	李雪松	2022
上海市高等教育优秀教学成果特等奖	"三通三融"——机械大类卓越工程科学人才培养体系的改革与实践	2022
上海市高等教育优秀教学成果一等奖	德智并举，学研并进：能动领域高层次人才引领卓越创新人才培养的探索与实践	2022
上海市高等教育优秀教学成果一等奖	工业大数据背景下产教融合的工业工程人才培养模式	2022
上海市高等教育优秀教学成果一等奖	创新产教融合培养模式，培养高层次专业型人才	2022

（续表）

奖项名称	项目名称/获奖教师	获奖年份
上海市高等教育优秀教学成果二等奖	设计思维统领，看-思-学-做融合：钱学森班工程拔尖人才培养探索与实践	2022
上海市高等教育优秀教学成果二等奖	面向核能强国，探索核工程与核技术专业多层次全产业链实践育人模式	2022
宝钢优秀教师奖	上官文峰、王丽伟、蒋丹	2019/2020/2021
霍英东教育教学名师	郭为忠	2022
上海市高校教师教学创新大赛一等奖	蒋丹	2021
上海市教学能手	刘晓晶	2020
上海市课程思政教学名师	郭为忠	2022
第三届上海市高校教师教学创新大赛一等奖	郭为忠	2023
第三届上海市高校教师教学创新大赛二等奖	张海	2023
第四届上海高校青年教师教学竞赛特等奖	刘晓晶	2020

参考文献

［1］ 中国国家博物馆. 中国国家博物馆藏品总目［EB/OL］.［2024-04-07］. https://www.chnmuseum.cn/portals/0/web/zt/cangpin/colletionlist.html.

［2］ 张策. 机械工程简史［M］. 北京：清华大学出版社，2015.

［3］ 王德伦. 什么是机械［M］. 大连：大连理工大学出版社，2021.

［4］ 袁军堂，殷增斌，汪振华，等. 机械工程导论［M］. 北京：清华大学出版社，2021.

［5］ 王钟强. 苏-33舰载战斗机立体剖视结构图［J］. 航空知识，2006（7）：35-36.